Ines Scheuer-Dinger

Waldsamkeit

Ein Waldbaden-Entspannungsprogramm für Mensch und Hund

animal learn® VERLAG

ISBN 978-3-936188-81-3
Lektorat: Susanne Artmann
Satz & Layout: Annette Gevatter, Riegel a.K.
Fotos: Vivian Hagemeister, Doreen Israel, Kilian Reil, Ronald Scheuer, Adobe Stock, Pixabay, Pixelio
Druck: FINIDR, s.r.o., Český Těšín, Tschechische Republik

animal learn Verlag, Am Anger 36, 83233 Bernau
email: animal.learn@t-online.de, www.animal-learn.de

Inhalt

FÜR FINNI & LOTTA

Danke für euer Sein
und für alles,
was ich von euch lernen durfte.

Einleitung

Der Alltag mit Hund kann mitunter anstrengend sein, auch wenn man sich das vielleicht nicht immer zugesteht. Hunde sind unsere Freunde und Gefährten, wir müssen für sie sorgen und auf ihre Bedürfnisse achten. Das kann zur Herausforderung werden, gerade weil die Ansprüche an Hunde – und somit auch deren Halter – in unserer Gesellschaft Tag für Tag steigen. Ein Hund soll ein unauffälliger und unkomplizierter Alltagsbegleiter sein, aber leider erfüllt eben nicht jeder diese Anforderungen aufgrund seiner Vorgeschichte oder genetischen Disposition automatisch.

Oftmals ist viel Training dafür erforderlich – vor allem außerhalb des Hauses. Unsere Aufmerksamkeit liegt deshalb während des gesamten Spaziergangs auf dem Hund, gerade wenn dieser jagdlich motiviert oder sehr impulsiv ist, was bedeutet, dass das Verhalten des Hundes permanent richtig eingeschätzt werden muss. Der Spaziergang, somit auch der Waldspaziergang, dient so vor allem dem Training und der Auslastung des Hundes. Der Halter selbst stellt seine Bedürfnisse oft hinten an und ist so schneller genervt und gestresst von dem unerwünschten Verhalten seines Vierbeiners. Das Thema Entspannung und Achtsamkeit rückt immer mehr in den Hintergrund, auch weil es viel zu selten Bestandteil eines Hundetrainings ist. Dabei wäre es für beide Seiten, Hund und Mensch, so sinnvoll, hier zu investieren. Es erleichtert das Training sogar, denn ein entspannter Hund ist weniger reaktiv und zeigt

Wenn wir immer nur an To-do-Listen oder Training denken, dann sind wir nicht präsent und nehmen den Wald nicht bewusst wahr.

weniger unerwünschte Verhaltensweisen. Und mal ganz abgesehen davon, dass zu viel Stress für den Organismus von Hund und Mensch gleichermaßen schädlich ist, ist ein entspannter Mensch empathischer, er kann besser auf seinen Hund eingehen und er ist präziser im Training. Alles in allem bietet das Thema Entspannung für beide Seiten nur Vorteile, auch auf dem täglichen Waldspaziergang.

Wenn es sich in unserem Kopf nur um To-do-Listen oder Training dreht, dann sind wir nicht präsent und nehmen den Wald somit nicht bewusst wahr. In diesem Punkt sind uns unsere Hunde ein gutes Stück voraus. Sie sind immer im Hier und Jetzt und tun das, was sie tun, sehr bewusst. Nicht zuletzt merken sie auch, wenn wir nicht ganz anwesend sind. Möchten Sie also noch intensiver und verbundener mit Ihrem Hund unterwegs sein, ist es wichtig, den normalen Gassialltag und das Training mal hinter sich zu lassen und mit einem „Waldbad" und ein wenig „Waldsamkeit" etwas Neues auszuprobieren.

„Waldsamkeit" setzt sich zusammen aus Achtsamkeit und bewusst im Wald unterwegs sein. Denn die Achtsamkeit gegenüber unserem Hund, seine Bedürfnisse und Befindlichkeiten anzunehmen und auf sie einzugehen, ist der Schlüssel für ein entspanntes Miteinander. Wir können bei jedem Spaziergang ein wenig Waldsamkeit praktizieren oder auch bewusst wirklich achtsame Waldbäder nehmen. Von beiden Varianten werden sowohl Sie als auch Ihr Hund profitieren – und gleichzeitig bauen Sie so eine tiefe Verbindung zu Ihrem Hund und zur Natur auf.

An sich ist Waldbaden, auch mit Hund, eine einfache Sache. Waldbaden heißt, in die heilsame Atmosphäre des Waldes eintauchen, wie bei einem Bad. Man geht absichtslos in den Wald, atmet tief, ist präsent und achtsam. Der Hund ist dabei, kommt

ebenso zur Ruhe und beide haben eine gute Zeit. Gleichzeitig tun sie dabei noch etwas für ihre Gesundheit.

Die Praxis sieht allerdings leider oft etwas anders aus: Denjenigen, die Entspannung am meisten brauchen, fällt es am schwersten sie zu erreichen. Auch das gilt für Hund und Halter gleichermaßen. Daher ist es oftmals ein längerer Weg, ehe man wirklich zur Ruhe kommt und die Zeit im Wald genießen kann. Wenn Sie völlig tiefenentspannt sind oder Ihnen das Entspannen grundsätzlich leicht fällt und Ihr Hund genauso ein gelassener Typ ist, benötigen Sie keine Vorarbeit. Nutzen Sie die in diesem Buch vorgestellten Übungen für sich selbst, schauen Sie, dass es Ihrem Hund dabei gut geht und legen Sie los.

Vielleicht denken Sie jetzt, warum wird – wie wir es in Franken sagen würden – so viel „Gschiss“ um den Hund gemacht? Kann der Hund sich nicht einfach hinlegen und mit dabei sein?

Leider eben nicht. Es ist ein großes Glück einen Hund zu haben, der sich auch in fremder Umgebung – voller Gerüche von Tieren – von selbst sehr gut entspannen kann, ohne dass Sie Vorarbeit dafür leisten mussten.

Falls Ihr Hund anfangs Schwierigkeiten hat zu relaxen, ist es wichtig, dass Sie ihn unterstützen. Arbeiten Sie in kleinen Schritten daran, damit auch Ihr Hund Freude an Waldbädern und waldsamem Schlendern hat und nicht frustriert an der Leine zerrt oder auf der Decke wartet. Die Bedürfnisse des Hundes und die des Menschen in Einklang zu bringen, ist beim Waldbaden mit Hund ein entscheidendes Element. Jeder muss dabei seinen authentischen Weg finden. Es gibt keine Regeln für das perfekte Waldbad. Alles, was dafür nötig ist, ist Neugierde. Lassen Sie sich im Wald von Ihren Sinnen leiten und vertrauen Sie Ihrer Intuition. Auch jenseits vom klassischen Waldbaden, bei dem man sich achtsam dem Wald hingibt, kann man eine Vielzahl von Meditationen und Entspannungstechniken für sich und den Hund beim Aufenthalt im Wald einbauen. Es ist so wunderbar, gemeinsam das Hier und Jetzt zu teilen und die Natur zu genießen. Das Leben unserer Hunde ist leider so kurz und wir vergessen im Alltagsstress nur allzu oft, dass wir auch immer den Moment genießen sollten, statt über die Vergangenheit zu grübeln oder schon wieder über die Zukunft nachzudenken. Ein Waldbad und achtsames Spazierengehen hilft uns dabei.

Als Hundehalter leben wir in der Regel gesünder als der Durchschnitt, denn ein Haustier hat viele positive Effekte auf den Halter und nicht zuletzt ist man dank des Hundes viel in der Natur unterwegs. Für viele Hundehalter steht ein Waldspaziergang auf der Tagesordnung, dennoch können sie die positiven Effekte des Waldes noch verstärken, wenn sie ganz bewusst in der Natur unterwegs sind und sich dort aktiv entspannen.

Mensch und Hund sind, so betrachtet, ganz wunderbare Partner beim Waldbaden. Wir nehmen still und intuitiv Stimmungen und Gefühle unseres vierbeinigen Gefährten wahr, viel mehr, als dies bei anderen Mensch-Tier-Konstellationen möglich ist. Hunde sind zudem hervorragende Vorbilder für das Waldbaden. Sie nehmen den Wald sehr achtsam und sinnlich wahr. Haben Sie schon mal einen (Jagd)Hund im Wald beobachtet? Er setzt all seine Sinne konzentriert ein und ist ganz in diesem Augenblick. So betrachtet sind unsere Hunde beim Waldbaden die Verbindung zur Natur. Wir können sie beobachten und lesen, selbst wenn wir den Wald, all seine Bewohner und Geheimnisse noch nicht gut kennen. Durch genaues Studieren unserer vierbeinigen Begleiter können wir sehr viel über unsere Umgebung erfahren. Der Mensch ist beim Waldbaden sehr achtsam und aufmerksam mit seinem Hund verbunden und

der Hund merkt schnell, dass seine Bezugsperson sich wirklich auch für Kleinigkeiten in der Kommunikation interessiert. Oft entwickelt sich dadurch beim Waldbaden ein ganz subtiler, aber sehr tiefer Austausch zwischen Hund und Halter.

Ich hoffe, dieses Buch wird Sie eine Zeit lang begleiten und Ihnen viel Freude mit Ihrem Hund im Wald bereiten. Entspannung in den Alltag zu integrieren ist beim Zwei- und Vierbeiner ein Prozess. Dieses Buch gibt Anregungen, die Sie am besten ohne Ehrgeiz und Druck, aber mit viel Freude testen. Dann entscheiden Sie für sich, was sich stimmig für Sie – und Ihren Hund! – anfühlt. Vielleicht sind es zunächst nur ein oder zwei Dinge, die Sie auf Ihren Spaziergängen umsetzen. Vielleicht macht es Ihnen aber auch Freude, das ganze Programm auszuprobieren. Jede Übung lässt sich abwandeln oder ergän-

zen und wird so zu Ihrer ganz persönlichen Übung. Manche Anregungen in diesem Buch mögen Ihnen vielleicht zu spirituell oder esoterisch vorkommen; bei allen Anleitungen geht es aber nur darum, den Fokus zu verändern und die Aufmerksamkeit auf bestimmte Dinge zu lenken. Welche Bilder Ihnen dabei helfen, dürfen Sie für sich selbst bestimmen.

Alle hier genannten Vorschläge sollen Hilfsmittel in Ihrem „Werkzeugkoffer" sein und nicht Teil eines festen Programms. Den besten Effekt erzielen Sie, wenn Sie möglichst wenige Maßnahmen aktiv planen, sondern sich einfach treiben lassen. Ihr Hund wird Ihre Entspannung fühlen und auch selbst zur Ruhe kommen. Dennoch brauchen sehr aufgeregte Hunde anfangs Unterstützung, um in die Entspannung zu finden. Seien Sie mit Ihrem Hund und auch mit sich selbst liebevoll und geduldig. Es braucht, was es braucht und es geht, was geht! Sie sind als Team unterwegs, und wenn ein Teammitglied mal einen schlechten Tag hat, gilt es, dieses Mitglied bestmöglich zu unterstützen. Das macht Ihr Hund auch mit Ihnen, wenn auch meist sehr subtil. Wenn mal gar nichts geht, dann ist es auch kein Beinbruch, falls man sich gegen ein Waldbad und für eine normale Gassirunde entscheidet.

Ich freue mich, wenn ich Sie inspirieren kann, mehr Zeit achtsam im Wald zu verbringen, egal bei welchem Wetter und zu welcher Zeit, wenn Sie etwas für Ihre Gesundheit tun und ich Sie ganz nebenbei durch dieses Buch auf Ihrem eigenen, authentischen Weg mit Ihrem Hund unterstützen kann.

Der Wald, Waldbaden und Waldsamkeit

Die Effekte des Waldes und was Waldbaden ist

Shinrin Yoku, wie das Bad im Wald in Japan genannt wird, ist dort ein von den Krankenkassen anerkanntes Therapeutikum. Der Wald hat, so beweisen es mittlerweile zahlreiche Studien, viele positive Effekte auf unsere Gesundheit. Er soll vor Burn-out schützen, Depressionen vorbeugen und bei Stressbelastung helfen, ja sogar beim Heilungsprozess von chronischen Krankheiten und bei Krebs helfen. Allein der Anblick von Wald, Grün und Bäumen hat laut einer Studie, die bereits 1984 durchgeführt wurde, einen positiven Effekt auf Patienten im Krankenhaus. Diejenigen, die ins Grüne schauen konnten, wurden schneller gesund und brauchten weniger Medikamente als diejenigen, die lediglich auf eine Hausfassade sehen konnten.

Die vielfältigen Sinneseindrücke, die wir im Wald erleben, wirken sich positiv auf die Aktivität des Parasympathikus – den Nerv der Ruhe – aus.

Auch das Grün innerhalb eines Wohngebietes, so eine Studie einer Forschergruppe aus Chicago, habe einen positiven Effekt auf die Gesundheit der dort lebenden Menschen. Alter und Einkommen der Studienteilnehmer wurden herausgerechnet und dennoch kam man zu dem Ergebnis, dass Bewohner eines „grünen Bezirks" deutlich weniger an Herz-Kreislauf-Erkrankungen und Diabetes litten, ja sogar im Schnitt länger lebten. Und Untersuchungen der Uni Wien fanden heraus, dass allein schon beim Aufenthalt unter Bäumen der Blutdruck und die Herzfrequenz absinken und sich der Muskeltonus verringert – was die beste Voraussetzung für wohltuende Entspannung ist.

Dr. Clemens Arvey, Pflanzenwissenschaftler und Landschaftsökologe, betont zudem, dass die vielfältigen Sinneseindrücke, die wir im Wald erleben, sich positiv auf die Aktivität des Parasympathikus – den Nerv der Ruhe – auswirken und so unser Körper ein „Resetprogramm" anschaltet. Der Wald bietet mit Grün, Licht, Schatten, Stille und besonderen Düften einen Ausgleich zu den stressigen Eindrücken des Alltags. Darüber hinaus ist er meist ohne viel Aufwand zu erreichen und steht uns zu jeder Zeit kostenlos zur Verfügung. Die Luft im Wald ist sauerstoffreicher und reiner als die in der Stadt, zudem enthält sie bis zu 90 % weniger Staubteilchen. Das ist für Mensch und Hund, vor allem für die Atemwege und die Haut gesund.

Der Wald bildet eine einzigartige, heilsame Atmosphäre, in die wir eintauchen können, und mit Achtsamkeits-, Atem- und Entspannungsübungen können wir diesen gesundheitsfördernden Aspekt des Waldes noch verstärken. Das Klima ist mild, denn das Nadel- und Blätterdach schützt, kühlt, spendet Schatten und hält starken Wind ab. Der Boden ist weich und schont die Gelenke von Mensch und Hund. Bioaktive Substanzen, die die Blätter und vor allem die Nadeln abgeben, darunter Terpene und ätherische Öle, stärken das Immunsystem. Diese Pflanzenstoffe dienen den Pflanzen zur Kommunikation, vertreiben Schädlinge oder locken Nützlinge an. Sie wirken aber auch pharmakologisch auf uns Menschen, indem sie unsere Killerzellen aktivieren und vor freien Radikalen schützen. Nach einem Regenschauer oder bei Nebel ist die Konzentration der Terpene im Wald am größten, denn durch das Verdampfen der Flüssigkeit werden noch mehr heilsame Stoffe an die Luft abgegeben.

Professor Dr. Qing Li, Pionier der chinesischen Waldmedizin, bewies im Rahmen einer Studie an der Nippon Medical School of Tokio, dass sowohl die Anzahl als auch die Aktivität der Killerzellen bereits nach einem Tag im Wald um ein Vielfaches ansteigen. Bis zu doppelt so viele Killerzellen werden aktiviert, wenn man zwei Tage hintereinander mehrere Stunden im Wald verbringt. Diese Zellen sind der entscheidende Faktor bei der Immunabwehr, denn sie sind dafür verantwortlich, kranke Körperzellen ausfindig zu machen und zu eliminieren. Deshalb ist der Immunologe Professor Dr. Quing Li sogar der Meinung, dass der Aufenthalt im Wald Krebs vorbeugen kann.

Seit nicht allzu langer Zeit ist die Biophilia-These in aller Munde. Biophilia bedeutet so viel wie „Liebe und Hingabe zum Leben“. Laut dem amerikanischen Soziobiologen Wilson, der die Biophilia Hypothese zum ersten Mal aufbrachte, haben wir Menschen das starke Bedürfnis, uns mit der Natur zu verbinden und verfügen über eine große Affinität zu verschiedenen Habitaten und Ökosystemen, da wir uns aus der Natur entwickelt haben. In unserem Alltag entfernen wir uns immer mehr von der Natur, aber unsere Gene sind darauf programmiert, sich zum Wald hingezogen zu fühlen. Auch deshalb ist der Kontakt zur Natur so wichtig für unsere Gesundheit.

Gesundheitliche Effekte des Waldbadens:

- Blutdruck wird gesenkt
- weniger Risiko für Herz-Kreislauf-Erkrankungen, denn das Herz-Kreislauf-System wird gestärkt
- Stress wird gemindert – weniger Cortisol, Adrenalin und Noradrenalin werden produziert
- Parasympathikus wird angeregt – verbessert Schlaf, Verdauung und Immunfunktionen
- Blutzuckerspiegel wird gesenkt
- Gedächtnis wird verbessert
- Immunsystem wird gestärkt und Killerzellen werden aktiviert
- Zellen werden geschützt vor freien Radikalen

Waldbaden und waldsam unterwegs sein – was ist das genau?

Es gibt viele unterschiedliche Ansätze beim Waldbaden. Im Kern heißt Waldbaden aber immer: Präsent und aufmerksam in der Atmosphäre des Waldes sein, um der umtriebigen Alltagswelt zu entfliehen und sich der heilsamen und harmonisierenden Kraft des Waldes zu öffnen. Beim Waldbaden übt man sich im achtsamen Beobachten des Waldes – eine Fertigkeit, die sich auf alle Aspekte des Lebens, sei es unsere Beziehung zu unserem Hund oder zu uns selber, übertragen lässt und so Klarheit und innere Gelassenheit schenkt. Auch wenn es nicht für ein ganzes Waldbad reicht, so hat es auch schon positive Effekte, wenn man als Hundehalter bewusst langsam und achtsam mit dem Hund spazieren geht – jenseits von Training und Anspruch, einfach „waldsam". Der Wald bietet durch seine bioaktiven Pflanzenstoffe und die sauerstoffreiche Luft so viele gesundheitliche Vorteile, dass ein achtsamer Besuch im Wald wie ein wahrer Jungbrunnen auf uns wirkt.

Waldsam unterwegs zu sein beinhaltet mehr, als nur im Wald spazieren gehen:

- Bewegen Sie sich achtsam und langsam in der Natur.
- Erwarten Sie weniger, dann bekommen Sie mehr.
- Verbinden Sie sich mit der Natur.
- Erlauben Sie sich zu staunen, über Ihren Hund und über die Natur.
- Schärfen Sie Ihre Sinne, was genau können Sie alles wahrnehmen?
- Erleben Sie den Wald mit den Sinnen Ihres Hundes.
- Seien Sie liebevoll mit sich selbst und Ihrem Hund.

Der Wald ist voller Bäume und voller Wunder

Unterschiedlichen Bäumen werden schon seit Menschengedenken unterschiedliche Wirkungen und Heilkräfte zugesprochen. Der Wald ist also wie eine Apotheke für uns und unsere Vierbeiner. Lassen Sie sich von einem ausgebildeten Kräuterpädagogen und/ oder Waldführer zeigen, welche Schätze die Natur für Mensch und Tier bereithält.

Auch Bäume, die Sie bei jedem Waldspaziergang antreffen, besitzen vielfältige Kräfte. Hier ein paar Beispiele:

Birke

- Die **Birke** hat vor allem im Frühjahr einen ganz besonderen Zauber. Wer schon einmal gesehen hat, wie sich junge Birkenblätter in der Frühjahrssonne bewegen, wird das als ganz besonderen Frühjahrsboten in Erinnerung behalten. Ihre Blätter, vor allem die zarten Blättchen im Frühjahr, wirken harntreibend, entwässernd und entzündungshemmend.

Kiefer

- Die **Kiefer**, die als schnellwachsender Holzlieferant in vielen Teilen Europas als Monokultur vorkommt, wird traditionell bei Husten und Erkrankung der Atemwege verwendet. Das Öl der Nadeln hat zudem eine cortisonartige Wirkung.

Tanne

Fichte

Eiche

- Ebenso bringt das Öl der **Tanne** und **Fichte** bei diversen Erkältungskrankheiten Linderung. Die Fichte hilft zudem bei Schlaflosigkeit und Hexenschuss.

- Die **Eiche** gilt als besonders kraftvoll. Die Rinde ist als Aufguss oder Tinktur bei Blutungen und Entzündungen sehr wirksam. Sie hilft außerdem bei Zahnfleischproblemen.

Über die Anwendung der verschiedenen Auszüge aus Rinde und Blättern informieren Bücher und Seminare, die Sie lesen bzw. besuchen können, wenn Sie mehr über die naturheilkundlichen Fähigkeiten der Bäume erfahren wollen.

Was der Wald noch so kann

Der Wald ist für die meisten Hundehalter ein vertrauter und oft aufgesuchter Ort. Beinahe nirgends lässt es sich so schön mit dem Hund spazieren gehen, denn im Wald ist es meist ruhiger als in der Stadt oder im Park. Ein Spaziergang in der Natur ist ein wunderbarer Ausgleich, denn die meisten Menschen und ihre Hunde halten sich überwiegend in Räumen auf. Nicht nur Zweibeiner fühlen sich im Wald wohl, auch die meisten Hunde finden Waldspaziergänge spannend und in Deutschland haben wir das Glück, mit knapp 12 Millionen Hektar viel Wald zur Verfügung zu haben – also auch viel Platz für ausgedehnte Spaziergänge oder ein ausgiebiges Waldbad mit Hund. Fast ein Drittel der Fläche Deutschlands ist bewaldet und somit ist Deutschland eines der waldreichsten Länder der EU. Knapp 90 Milliarden Bäume wachsen in deutschen Wäldern, sagt die repräsentative Stichprobe der Bundeswaldinventur. 65 % davon sind Nadel-, 44 % Laubwald. Fichte, Kiefer, Buche und Eiche sind die Baumarten, die am häufigsten anzutreffen sind.

Der Wald mit all seiner Vielfalt ist eine einzigartige Ressource für unser Leben, denn er hat viele Funktionen, die uns meist gar nicht so bewusst sind.

Der Wald mit all seiner Vielfalt ist eine einzigartige Ressource für unser Leben, denn er hat viele Funktionen, die uns meist gar nicht so bewusst sind. Der Wald klärt die Luft, speichert CO_2 und produziert unseren Sauerstoff. Er ist ein komplexes Ökosystem und ein vielfältiger Lebensraum, in dem eine enorme Artenvielfalt herrscht. Das Wirkungsgefüge ist sehr vielfältig. Der Wald kann eine große Menge Wasser speichern und

filtert Sickerwasser. Außerdem verhindert er Erosionen, schützt vor Hochwasser und in den Bergen vor Muren und Lawinen. Das Holz des Waldes lässt sich vielfältig nachhaltig nutzen. Die Pflanzen des Waldes können wir genießen oder sie können uns heilen. Er dient uns außerdem als Erholungs- oder Kraftort. Viele Menschen haben den Wald für sich entdeckt und so bleiben auch Nutzungskonflikte nicht aus. Gerade als Hundehalter wird man immer wieder damit konfrontiert: Ein Mountainbiker, der blitzschnell um die Ecke kommt und dabei bedrohlich nahe an den Hund heranfährt. Ein Jäger, der nicht erfreut ist, wenn wir in der Dämmerung in der Nähe seines Hochsitzes spazieren gehen. Naturschützer, die Angst haben, dass der Mensch abseits der Forststraßen die Natur zerstört. Jede dieser Gruppen hat ihre Anforderungen an den Wald und ihre eigenen Bedürfnisse. Es wird immer wieder zu Konflikten kommen, es liegt aber an jedem Einzelnen, verständnisvoll und respektvoll mit dem Gegenüber zu kommunizieren und mehr miteinander zu reden statt übereinander. Nur so, davon bin ich überzeugt, können wir langfristig die Natur ohne übermäßige Reglementierungen erhalten, genießen und nutzen.

Relax und Ooommm!

Warum Entspannung so wichtig ist für Mensch und Hund

Ohne Entspannung läuft der Körper – egal, ob er zwei oder vier Beine hat – auf Hochtouren. Wenn wir uns keine Pause gönnen und über einen längeren Zeitraum immer angespannt oder „angeknipst" sind, kommt unser Körper nicht mehr damit nach, unsere Stresshormone abzubauen. Er kann sich nicht mehr regenerieren und ist anfälliger für Krankheiten, denn nur in Ruhezeiten kann er sein „Wartungsprogramm" abspielen. Das gilt ebenso für den Hund. Während die Tatsache gut erforscht ist, dass Diabetes, Herz- und Kreislauf-Erkrankungen, aber auch Depressionen auf das Konto von zu viel Stress beim Menschen gehen, sieht die Forschungslage von stressbedingten Krankheiten beim Hund noch nicht ganz so gut aus. Dennoch wurde nachgewiesen, dass viele Krankheiten und auch Verhaltensauffälligkeiten mit einem erhöhten Stresspegel zusammenhängen. Die Haltungsbedingungen der Hunde haben sich in den letzten Jahrzehnten sehr verändert und die Anforderungen an Familienhunde wachsen, ohne dass sie gezielt auf diese Anforderungen selektiert werden. Stress beim Hund ist also keine neuartige Modeerscheinung, sondern durchaus etwas, worauf wir bei unseren felligen Begleitern ein Auge haben sollten.

Die Stressfunktion ist für uns und jedes Lebewesen aber auch überlebensnotwendig – wir können dadurch zum Beispiel im Straßenverkehr schnell reagieren. In diesem Alarmzustand sind wir besonders wach und aufmerksam, damit wir uns aus der Gefahr bringen können. Wir sind wie in einem Tunnel, das Denken und die Gedächtnisleistung funktionieren nur eingeschränkt. Das gilt übrigens auch für unsere Hunde und erklärt, warum unter Stress bestimmte Signale wie zum Beispiel ein Rückruf nur schwer ausgeführt werden können.

> ***Passiert es nur ab und an, dass der Organismus in diesen Ausnahmezustand gerät, ist Stress nicht schädlich. Prasseln aber langfristig und dauerhaft zu viele Stressreize auf den Körper ein, wird er zwangsläufig krank.***

Wie Stress wahrgenommen wird, ist immer abhängig vom Individuum, auch das gilt für Mensch und Hund. Es gibt Menschen, die fühlen sich in großen Menschenansammlungen wohl und andere bekommen schon in kleinen Gruppen Herzrasen. Auch das Stressempfinden von Tieren ist sehr individuell. Es gibt Hunde, die sind zum Beispiel kaum geräuschempfindlich, sie stört nicht einmal ein Feuerwerk an Silvester, andere geraten schon beim leisesten Knall in weiter Ferne in Panik. Manche Pferde werden in aller Ruhe durch den Ortsbereich geritten oder geführt und stören sich dabei auch an vorbeifahrenden Autos nicht, andere reagieren schon gestresst auf die kleinsten Impulse aus der Umwelt.

Die Wahrnehmung von Stress ist immer auch abhängig von den jeweiligen Lernerfahrungen und den damit verbundenen Bewältigungsstrategien. Außerdem spielen Genetik und Konstitution eine maßgebliche Rolle. Wenn wir Menschen in eine aufregende Situation geraten oder uns erschrecken, setzt die Nebenniere vor allem Cortisol und Adrenalin frei. Wir sind schmerzunempfindlicher und unser Blutdruck steigt. Der Körper macht sich bereit für Kampf oder Flucht und mobilisiert alle Reserven. Für diese Situation unwichtige Funktionen wie Haarwachstum oder Zellerneuerung werden eingestellt und der Körper läuft auf Hochtouren.

Dauerhaft ist dieses Programm sehr belastend. Das Gehirn baut dabei langfristig Zellen ab und wird so anfälliger für Phobien, Depressionen und Demenz. Ebenso ist es bei Tieren. Stress ist also keine Lappalie, sondern eine echte Gefahr für die Gesundheit – bei Mensch und Tier!

Zum Glück folgt auf eine einmalige Stressreaktion unwillkürlich ein Entspannungsprogramm. Der Hippocampus ist für diese Reaktion verantwortlich: kurzfristig werden Atmung und Herzschlag noch einmal beschleunigt und unsere Sinne geschärft, danach wird die Entspannungsphase eingeleitet, in der die Stresshormone heruntergefahren werden und körpereigenes Morphium ausgeschüttet wird. Auch Blutdruck und Herzschlag regulieren sich wieder. Diese Regenerationsprozesse werden durch den Parasympathikus gesteuert. Genau dieses neuronale Netzwerk wird im Wald aktiviert und hilft uns so, schneller zur Ruhe zu kommen.

Wenn wir aufgrund unseres Jobs oder unserer Lebenssituation im Dauerstress sind, wirkt sich das auch auf unsere Hunde aus. Studien an der Universität Wien zeigen, dass Hunde die Stimmungen und Emotionen des Halters aufnehmen und sich entsprechend anpassen können, im Positiven wie im Negativen. Deshalb ist es auch so wichtig, dass bei Verhaltensproblemen des Hundes immer ein Auge auf seine Lebenssituation, die Haltungsbedingungen und das Verhältnis zu seinem Menschen geworfen wird. Ebenso wie beachtet werden muss, in welcher Situation sich der Mensch befindet, der mit diesem Hund zusammenlebt.

Hibbelhunde

Wenn Ihr Hund einer von der aufgeregten Sorte ist, dann ist das Waldsamkeit-Programm eine hervorragende Betätigung, die sehr viele positive Effekte auf ihn haben wird. Gleichzeitig sind diese Hunde häufig beim Waldbaden zu Beginn eine Herausforderung. Gerade Arbeitshunderassen, allen voran die Jagdhunde und deren

Gerade für hibbelige und gestresste Hunde ist das Waldbaden eine tolle Möglichkeit runterzukommen.

Mischlinge, tun sich schwer damit, in einer für sie stimulierenden Umwelt wie dem Wald wirklich zu entspannen. Dabei ist Entspannung gerade für sie so wichtig. Ein entspannter Hund ist außerdem nicht so reaktiv und zeigt weniger unerwünschtes Verhalten, was auch dem Halter zugutekommt. Genau deshalb lohnt es sich, das Thema Entspannung anzugehen und auch für das waldsame Unterwegssein ein wenig Vorarbeit zu leisten, denn dann hat ein gemeinsames Waldbad auch für den Hund einen Mehrwert und endet nicht in Frustration.

Ist Ihr Hund hibbelig und schnell nervös, dann muss das nicht unbedingt daran liegen, dass Sie in der Erziehung alles falsch gemacht haben. Das Verhalten Ihres Hundes ist abhängig von den Lernerfahrungen, die er gemacht hat, an denen Sie eventuell bewusst oder unbewusst beteiligt waren. Darüber hinaus hat die Genetik Einfluss auf sein Verhalten. Viele Hundetypen, allen voran die Gebrauchshunderassen, sind darauf selektiert worden, möglichst schnell viele, für ihre Arbeit relevante Reize wahrzunehmen und impulsiv auf sie zu reagieren. Im normalen Alltag kann diese Fähigkeit für den Hund und seinen Halter aber durchaus anstrengend und herausfordernd sein, denn diese Hunde sind nicht nur schnell, sondern entscheiden auch blitzschnell. Gerade sie nehmen eine Menge Reize gleichzeitig auf und sind schnell überfordert von einer (stark) belebten Umwelt. Hinzu kommt, dass sie nicht selten ihren Stress durch Bewegung kompensieren und bei Erregung häufig bellen, winseln oder fiepen.

Gerade für diese Hunde kann ein ruhiges Abliegen in einem für sie so spannenden Umfeld wie dem Wald ohne Training sehr schwierig sein. Sie powern sich hoch und sind frustriert, wenn sie sich nicht nach Herzenslust bewegen können. Jagdhunde sollen Gerüche, speziell den Duft von Wild, über weite Distanzen wahrnehmen und ohne viel Training mit angebo-

renen Verhaltensmustern wie Stöbern, Fixieren oder Hetzen darauf reagieren. Auch andere Hundetypen, die bereits gelernt haben, dass Wild, vor allem wenn es sich bewegt, spannend ist, reagieren auf Wildgeruch. Entspannung im Wald ist deshalb für viele Hunde kein ganz einfaches Thema und bedarf etwas Übung.

Wenn Ihr Hund leicht erregbar ist, dann haben Sie vielleicht auch schon von diversen Gassigehbekanntschaften und selbsternannten Hundeflüsterern Ratschläge bekommen: „Du musst selbst gelassener werden, du musst dem Hund zeigen, dass du der Chef bist oder du musst ..." Der Druck, etwas verändern zu müssen, ohne ein konkretes Trainingskonzept an der Hand zu haben, macht es Hundehaltern schwer. Und benimmt sich der Hund, als hätte er ADHS, kommt neben Verzweiflung auch schnell ein schlechtes Gewissen auf. Der Halter zweifelt, ob er seinem Tier gerecht werden kann, hadert mit seinen Erziehungsmethoden und rutscht oft in aversive Handlungen. All diese Gedanken hemmen uns nur, einen Neuanfang mit unserem Hund zu starten und die gemeinsame Zeit zu genießen. In diesem Buch werden Sie lernen, im Hier und Jetzt mit Ihrem Hund zu sein, denn nur das zählt. Es ist egal, was er mit Ihnen oder ohne Sie bereits gelernt oder erfahren hat, ändern können Sie eh nur den Augenblick. Also hören Sie auf, sich ein schlechtes Gewissen zu machen und lassen Sie sich lieber auf etwas Neues ein!

Oftmals wird ein aufgeregter Hund mit einem unausgelasteten gleichgesetzt. Es ist durchaus richtig, dass viele Hunde nicht zur Ruhe kommen, weil es ihnen an Bedürfnisbefriedigung – also Beschäftigung – mangelt. Genauso oft gibt es aber Hunde, die erst durch falsche oder unpassende Beschäftigung aufgeregt und hibbelig werden. Viel Beschäftigung hilft also nicht automatisch, den Hund müde und ausgeglichen zu bekommen. Die Balance zwischen zu viel und zu wenig ist sehr individuell. In erster Linie muss die Beschäftigung die Bedürfnisse des In

dividuums befriedigen. Muss ein Hund, der gerne mit hoher Nase arbeitet, bei seiner Beschäftigungseinheit überwiegend mit tiefer Nase suchen, kann dies eventuell frustrierend für ihn sein. Der Frust führt dann zu einem noch aufgeregteren Hund, der auch daheim schwerer zur Ruhe kommt. Man sollte also genau darauf schauen, was der Hund eigentlich gerne machen würde, wenn er alles dürfte, und die Verhaltensweisen, die man beschränken muss, weil sie gefährlich oder unerwünscht sind, mit erlaubter Beschäftigung ersetzen. Diese Einheiten sollten zudem immer so gestaltet werden, dass der Hund sich wohl fühlt und sie in die jeweilige Umgebung passen. Und er sollte dabei nicht dauernd reglementiert werden.

Gerade hibbelige Hunde tun sich schwer damit, ihre Impulse zu kontrollieren und die Ressource, sich zurückzunehmen ist endlich. Deswegen sollte der Halter mit Bedacht wählen, wo Impulskontrolle wirklich sinnvoll ist, zum Beispiel am Wild oder im Straßenverkehr, und wo man sie auf ein Minimum reduzieren kann, zum Beispiel beim Warten während einer Beschäftigungseinheit. Jede Form des Zurücknehmens sollte dabei immer großzügig belohnt und das Training so kleinschrittig aufgebaut werden, dass der Hund keine Fehler machen kann.

Wenn Ihr Hund gerne „Action" hat, gönnen Sie ihm die ruhig auch mal. Er darf, sofern er dabei weder sich noch andere Menschen und Tiere stört oder gefährdet, gerne auch mal beim Ballspielen oder einem Rauf- und Zerrspiel die Sau rauslassen. Achten Sie aber darauf, dass es bei solchen Einheiten eine Aufwärmphase gibt und ebenso ein Nachspiel mit weniger Action, wie zum Beispiel eine Futtersuche, um den Hund wieder langsam herunterzufahren. Und stellen Sie sicher, dass diese hochgepowerten Aktivitäten auch wirklich nur selten vorkommen. Ansonsten können sie – wenn wir den Hund und das Spiel auf dem Punkt der höchsten Erregung stoppen – durchaus kontraproduktiv für einen hibbeligen oder jagdlich motivierten Hund sein. Ein hoch erregter und vielleicht auch noch frustrierter Hund (denn das schöne Spiel ist ja plötzlich vorbei) ist impulsiver und zeigt deshalb mehr unerwünschtes Jagd- oder Aggressionsverhalten! Erregung und Entspannung sollten sich immer die Balance halten und die Übergänge sollten vom Halter überlegt gestaltet werden. Waldbaden als ruhige Beschäftigung bietet also auch den aufgeregten Hunden einen guten Ausgleich zum stressigen Alltag und eine Ergänzung zum Training.

Waldbaden als ruhige Beschäftigung bietet also auch den aufgeregten Hunden einen guten Ausgleich zum stressigen Alltag und eine Ergänzung zum Training.

Basiswissen & Achtsamkeit

Bevor Sie mit Hilfe des Waldes sich und Ihrem Hund zu mehr Entspannung verhelfen, ist es wichtig, ein wenig Vorarbeit zu leisten. Denn gut geplant ist halb entspannt – zumindest was den Vierbeiner betrifft. Gerade wenn Sie einen hyperaktiven Hund haben, können schon kleine Änderungen große Effekte haben. Legen Sie im Alltag und auf Ihren Spaziergängen mit ein paar achtsamen Basics einen Grundstein, verbessert das die Bindung und Beziehung zu Ihrem Hund ungemein. Das wiederum ist die Voraussetzung dafür, dass er sich auch an fremden Orten entspannen kann. Gibt es weitere impulsive, unerwünschte Verhaltensweisen, die Ihr Hund zeigt, so sind die folgenden Maßnahmen gut geeignet, um auch im Training einen Schritt weiterzukommen.

Achtsamer Umgang und beidseitige Kommunikation

Früher galt häufig die Meinung, ein Hund müsse „halt gehorchen". Um das zu erreichen, wurde meist mit Hilfe von Strafe unerwünschtes Verhalten unterbunden, aber der Hund durfte ansonsten seine Bedürfnisse weitgehend ausleben und der Mensch ließ ihn in Ruhe. Heutzutage haben wir aber viel mehr Ansprüche an unsere Hunde. Sie sollen uns im Alltag begleiten, dabei möglichst gut erzogen und somit „unauffällig" sein, denn man möchte nirgends anecken mit einem vermeintlich unerzogenen oder sogar gefährlich erscheinenden Hund. Und das alles sollen Hunde ganz unabhängig von ihrer Selektionsgeschichte leisten, also egal, ob sie

Spezialisten im Hüten oder im Jagen oder vielleicht sogar im Bewachen sind. Ihre Bedürfnisse bleiben dabei oft auf der Strecke.

! *Einfach dabei zu sein fällt vielen Hunden in einer stimulierenden Umwelt schwer, insbesondere, wenn sie nicht eine Selektion auf „Begleithunde“ erfahren haben und/ oder gut sozialisiert wurden. Da wir als Halter verantwortlich dafür sind, in welche Situationen wir unseren Hund bringen, ist es wichtig, dass auch wir uns im achtsamen Umgang mit ihm üben. Empathie und das Wissen um die Körpersprache und die Bedürfnisse des Hundes sind für eine respektvolle Beziehung unabdingbar. Je besser wir unseren Hund lesen können, desto inniger wird die Mensch-Hund-Beziehung.*
Nur wenn der Hund spürt, dass wir ihn verstehen, seine fein nuancierte (Körper-)Sprache lesen können und auch für ihn da sind, wenn er sich unwohl fühlt, wird er dies nicht erst mit viel „Tamtam“ oder „ Gebell“ kommunizieren, denn das muss er dann nicht. Er wird uns vertrauen, sich auf uns verlassen, weniger unerwünschtes Verhalten zeigen und schneller entspannen.
Das klingt toll, ist es auch – aber erfordert Lernen, Bemühen und Achtsamkeit unsererseits, denn die Kommunikation mit dem Hund ist keine Einbahnstraße, in der der Hund einfach nur unsere Befehle befolgen soll. Es geht um ein echtes Verstehen, ein tiefes gegenseitiges Vertrauen und eine – meist wortlose – Kommunikation, die der Situation angemessen ist.

Hunde können übrigens hervorragend mit uns Menschen kommunizieren, wenn man es ihnen nicht abtrainiert. Dabei setzen sie häufig den Blickkontakt, die taktile Kommunikation oder akustische Signale ein. Es liegt an uns, diese Signale ihrer Sprache zu erlernen. Schon Welpen versuchen dauernd, uns etwas mitzuteilen. Sie sehen zum Beispiel etwas, das ihnen nicht ganz geheuer ist, bleiben stehen, schauen erst den Reiz und dann uns an. Wenn diese fragende Kommunikation damit endet, dass wir den Hund entweder in diese Richtung zerren, weil wir die vermeintliche Gefahr nicht als solche wahrnehmen, oder panisch rufen und sofort durch Anleinen verhaften, wird er sich diese Form der Rückversicherung und Kommunikation schnell abgewöhnen und lernen, dass der Mensch kein vertrauenswürdiger Bindungspartner ist. Und oft sind die Zeichen, die uns der Hund sendet, noch subtiler. Umso wichtiger, dass wir lernen, sie zu verstehen: Ein kurzes Schlecken über den Fang, ein Blinzeln und Wegdrehen des Kopfes, ein kurzes Anheben der Pfote – all das sind Anzeichen dafür, dass der Hund sich nicht ganz wohl in der Situation fühlt und vielleicht Unterstützung braucht. Je genauer Sie Ihren Hund im Alltag beobachten und auf Kommunikationsangebote eingehen, desto weniger Missverständnisse werden auftreten. Ein Hund, der gelernt hat, dass es sich nicht lohnt mit dem Menschen zu kommunizieren, weil er eh nicht verstanden wird, wird in

Beschwichtigungssignale und Stresssymptome:
Es gibt eine Reihe von körpersprachlichen Signalen, an denen Sie erkennen können, dass sich Ihr Hund in einem Konflikt befindet oder unwohl fühlt. Wenn Sie eines oder mehrere dieser Signale beim Waldbaden oder auch im Alltag erkennen, versuchen Sie bitte, die Situation für Ihren Hund so zu verändern, dass er sich wieder wohler bzw. sicherer fühlt, z. B.:

- über den Fang schlecken
- Kopf abdrehen, um den Blickkontakt zu vermeiden
- den Körper wegdrehen oder auch ganz abwenden
- blinzeln oder die Augen zusammenkneifen
- Augen weit aufreißen bei großen Pupillen, der Blick ist auf das Gegenüber gerichtet
- einfrieren und erstarren
- Pfote heben
- gähnen
- kratzen
- zittern
- Schuppen im Fell
- aufreiten
- hecheln
- Lautäußerungen wie Fiepen, Wimmern, Jaulen und Bellen

neuen und unerwarteten Situationen schneller aufgeregt sein und eher impulsiv reagieren.

Den Hund zu führen heißt aber nicht, dass wir uns wie ein Chef benehmen und den Hund ständig reglementieren müssen, weil er uns sonst auf der Nase herumtanzt. Es heißt im Gegenteil vor allem, Bedürfnisse zu erkennen und wo immer möglich zu erfüllen, Konflikte zu vermeiden, Verständnis zu haben und in schwierigen Situationen die souveräne Führung zum Wohle aller zu übernehmen. Im Anhang dieses Buches finden Sie Literaturhinweise, die Ihnen das Fachwissen vermitteln, das hierfür nötig ist. Lassen Sie sich beim Lesen auf die spannende Reise ein, mehr über Ihren vierbeinigen Freund zu erfahren, denn die Aufzählung links beinhaltet nur eine sehr kurze Übersicht der wichtigsten Signale, die Ihr Hund aussendet, wenn er sich nicht wohl fühlt und erhebt keinen Anspruch auf Vollständigkeit.

Achten Sie beim Beobachten aber immer auf den Gesamtzusammenhang: Hechelt Ihr Hund zum Beispiel an einem heißen Sommertag, ist es ihm wahrscheinlich einfach nur zu warm und er reguliert damit seine

Körpertemperatur. Geben Sie ihm etwas zu trinken oder lassen Sie ihn im Wasser plantschen. Hechelt er aber bei normaler Temperatur und ohne körperliche Anstrengung, spricht dies eher für ein Konfliktverhalten bzw. Stress und Sie sollten die Situation beenden bzw. verändern.

Bedürfnisse kennen, belohnen, beschäftigen

Gehen Sie bitte mal folgendes Gedankenspiel durch: Wenn wirklich Anarchie herrschen würde – was würde Ihr Hund gerne und häufig machen? Stellen Sie sich diese Frage ruhig und denken Sie ein Weilchen darüber nach. Zunächst scheinen die Antworten banal: Na ja, er würde gerne jagen gehen ... oder er würde gerne alles vom Boden fressen ... Aber schauen Sie noch mal ein bisschen genauer hin. Wie würde er es gerne machen? Wie würde er sein Ziel erreichen, wie würde er zum Beispiel suchen? Mit hoher Nase oder mit tiefer? In welcher Umwelt wäre er am liebsten unterwegs und in welcher Geschwindigkeit? Wen hätte er gerne an seiner Seite und wen nicht? Gutes Beobachten und ein bisschen Experimentieren helfen, um noch mehr über seine Bedürfnisse herauszufinden. Und einen weiteren Vorteil hat die Detektivarbeit noch: Dieses Wissen lässt sich prima beim Training mit ihm weiterentwickeln, denn alles, was Bedürfnisse befriedigt, kann und sollte als Belohnung verwendet werden. Je besser die Belohnung das aktuelle Bedürfnis des Hundes erfüllt, desto schneller und effizienter ist Ihr Training. Statt dem Hund, der gerne rennt, nach dem Rückruf einen Keks aus der Hand

zu geben, könnte man ein Stück mit ihm rennen oder einen runden Hundekeks über den Boden kullern, so dass er hinterherrennen kann. Auf diese Art und Weise wird der Rückruf viel hochwertiger verstärkt und das Verhalten wird schneller stabil.

Natürlich lassen sich nicht alle Hundebedürfnisse immer befriedigen. Wenn Sie aber ein Auge darauf haben, dass Ihr Hund immer wieder die Gelegenheit bekommt, seine Talente und Fähigkeiten in sicherem Rahmen auszuleben – vielleicht auch durch passende Beschäftigungsmöglichkeiten –, dann bekommen Sie einen entspannteren Hund, der weniger unerwünschte Verhaltensweisen wie Jagd- oder Aggressionsverhalten entwickelt.

TIPP:

Schreiben Sie eine Bedürfnisliste für Ihren Hund. Überlegen Sie zunächst, was Ihr Hund gerne und häufig machen würde, wenn er frei entscheiden könnte. Und wie genau und wie lange würde er das machen? Was ist ihm draußen wichtig? Was ist ihm drinnen wichtig? Dann streichen Sie die Dinge, die wirklich absolut verboten oder gefährlich sind und suchen dafür erlaubte Alternativen. Damit haben Sie nicht nur eine Liste aller Bedürfnisse Ihres Hundes, Sie haben gleichzeitig auch eine Liste mit sehr effektiven Belohnungen, die sich im Training nutzen lassen.

Auch zu Beginn eines waldsamen Spaziergangs oder eines Waldbades sollten Sie die Bedürfnisliste Ihres Hundes im Kopf haben und kurz abgleichen, was er vielleicht noch braucht, bevor Sie gemeinsam mit dem Waldbaden starten können.

Positives fördern, statt Negatives unterbrechen

Wir leben in einer Gesellschaft, in der der Fokus auf unerwünschtem Verhalten liegt. Auch wir Hundehalter können präzise sagen, welche Verhaltensweisen uns bei unserem Vierbeiner stören, was wir gerne anders hätten und was anstrengend ist; aber viel zu selten liegt unser Augenmerk auf erwünschtem Verhalten. Und viel zu oft nehmen wir Dinge als selbstverständlich hin oder übersehen sie schlichtweg, die man positiv bewerten könnte. Gerade wenn wir mit dem Hund draußen sind, liegt der Fokus bei vielen Haltern lediglich darauf, „was er wohl als Nächstes anstellen könnte".

Dabei kann es sowohl im Training als auch in der Beziehung zu unserem Hund einen riesigen Unterschied machen, wenn wir uns ein wenig mehr auf das konzentrieren, was er, vielleicht auch nur zeitweise, gut macht, beziehungsweise was er macht, bevor er etwas Unerwünschtes tut. Loben Sie Ihren Hund, wenn er sich auf dem Spaziergang zu Ihnen umdreht und belohnen Sie dieses Verhalten zum Beispiel mit einem gemeinsamen Rennspiel. Wenn Ihr Hund an lockerer Leine läuft oder im Freilauf Blickkontakt mit Ihnen aufnimmt, loben Sie dieses Verhalten, denn indem Sie erwünschtes Verhalten immer wieder verstärken, setzen Sie dem Hund einen Verhaltensrahmen, in dem er sich gerne und zuverlässig bewegt. Unerwünschtes Verhalten sollte möglichst wenig auftreten, damit es nicht noch weiter geübt wird, und wenn es doch auftritt, sollte es sofort angemessen und freundlich unterbrochen werden.

Viel wichtiger ist es aber, vor allem im Training und im Alltag das Setting und die Umgebung des Hundes erst einmal so zu gestalten, dass er nicht dauernd unerwünschtes Verhalten zeigen kann oder sogar muss. Auch für uns Halter macht es einen Unterschied, worauf wir uns fokussieren. Wenn

wir uns während des Spaziergangs auf die schönen und erwünschten Dinge konzentrieren, die unser Hund zeigt, dann steigt unsere Stimmung und wir können den Spaziergang mehr genießen. Gerade wenn man nach einem stressigen Arbeitstag mit dem Hund Gassi geht, nimmt man oft – wenn auch ungewollt – Stress und negative Energien mit. Dies merkt der Hund, auch sein Erregungsniveau steigt, er wird hibbeliger und zeigt eventuell deshalb mehr unerwünschtes Verhalten. Wenn wir uns aber gleich zu Beginn des Spaziergangs vornehmen, ein paar Minuten bewusst auf Kommunikationsangebote und das erwünschte Verhalten unseres Hundes zu achten, startet der Ausflug oder der Spaziergang gleich viel angenehmer.

Tagesablauf optimieren/ Frust und Stress reduzieren

Viele Hundetypen wurden sehr lange auf Arbeitsleistungen selektiert – und gehalten wurden diese Arbeitshunde in Zwingern oder Ställen, teilweise allein, manchmal auch mit Artgenossen. Zum Arbeiten durften sie raus und voll und ganz ihren Fähigkeiten nachgehen. Diese Haltungsformen haben sich zum Glück weitgehend geändert, die meisten Hunde werden nicht mehr im Zwinger gehalten, sondern dürfen mit ihren Bezugspersonen im Haus leben und ihre Menschen im Alltag begleiten. Aber einige Hunde(typen) konnten sich nicht so schnell umstellen und auch die Zuchtkriterien sind leider nicht immer auf Alltagstauglichkeit ausgelegt. Das Leben im Haus mit einem belebten Alltag bietet oft mehr Reize als die Zwinger- oder Hofhaltung, gerade wenn mehr als eine Person im Haushalt leben. Viele Hunde kommen nicht ausreichend zur Ruhe und sind deswegen grundsätzlich auf einem hohen Erregungsniveau. Wie Kinder bekommen Hunde in solchen Situationen schnell das „Nach müd' kommt blöd"-Phänomen und überdrehen bei zu viel Input. Schauen Sie also, ob Ihr Hund im Alltag wirklich ausreichend viele Ruhe- und Schlafphasen bekommt oder ob er immer mit einem Ohr oder Auge darauf achtet, was um ihn herum passiert. Denn ausreichend Ruhe und Schlaf sind die Grundlage für einen ansprechbaren und zufriedenen Hund.

Überlegen Sie auch noch einmal, ob es im Alltag versteckte „Frustbaustellen" gibt. Natürlich gibt es in jedem Hundealltag immer wieder Situationen, in denen der Hund etwas haben oder ein Verhalten zeigen möchte, wir dies aber nicht zulassen können. Kommen diese Situationen aber täglich vor oder muss sich der Hund vielleicht sogar mehrmals am Tag deutlich zurücknehmen, sollten wir überlegen, ob sich diese Situationen vielleicht umgestalten lassen. Zum Beispiel könnte er lernen, dass sich ein Alternativverhalten lohnt.

Auch auf dem Spaziergang sollten Sie im Hinterkopf behalten, dass der Hund sich immer wieder freiwillig zwischen der spannenden Umwelt und Ihnen entscheidet. Das ist auf Dauer anstrengend und irgendwann geht dem Hund da auch mal die Luft aus. Wenn Sie zum Beispiel einen jagdlich ambitionierten Hund haben, der gerne Spuren nachgeht und sehr bewegungsfreudig ist und Sie mit ihm mehrere Stunden in einer jagdlich spannenden Umgebung an der Schleppleine laufen, verursacht das Frustration – bei Ihrem Hund, weil er ständig verlockenden Reizen ausgesetzt ist, denen er nicht folgen darf und bei Ihnen, weil er in dieser Situation sehr wahrscheinlich an der Leine zieht und nur schwer ansprechbar ist. Es liegt also an uns, die Spaziergänge so zu gestalten, dass wir den Hund nicht in Situationen bringen, die ihn immer wieder überfordern bzw. frustrieren. Wenn wir entsprechend planen und handeln, wird unser Hund insgesamt ruhiger und zufriedener.

EIN DANKBARKEITSTAGEBUCH SCHREIBEN

von Ulrike Seumel

Dankbarkeit stärkt die Achtsamkeit! Erinnern Sie sich an die tollen Waldspaziergänge mit Ihrem Hund? Wie dankbar Sie waren für die schönen Momente, die klare Luft und den Duft des Waldes? Wenn Sie dankbar sind, sind Sie gleichzeitig auch achtsam. Achtsam gegenüber sich selbst, gegenüber Ihrem Hund und anderen Lebewesen. Achtsam gegenüber dem Leben selbst. Oft merken wir erst, wie dankbar wir für etwas sind, wenn wir es verlieren oder es nicht rund läuft in unserem Leben. Wenn Ihr Hund krank ist, dann fällt Ihnen auf, wie dankbar Sie dafür sind, wenn er fit und gesund ist. Jetzt könnten wir uns zurücklehnen und sagen: „So funktioniert unser Denken und das Leben eben." Aber damit berauben wir uns einer schönen Möglichkeit, denn mit Dankbarkeit geht vieles besser.

Sie können sich dafür entscheiden, achtsamer und dankbarer zu werden – auch gegenüber Ihrem Hund. Dankbarkeit können Sie trainieren und zu einem Ritual im Alltag machen, und wenn Sie einmal damit beginnen, wird es Ihnen von Tag zu Tag leichter fallen, denn Sie legen dabei in Ihrem Gehirn neue Pfade an, die Ihnen helfen werden, mehr Dankbarkeit zu empfinden und auch in schwierigen Zeiten Chancen zu erkennen. Und mit gelebter Achtsamkeit und Dankbarkeit können Sie bis ins hohe Alter die Strukturen Ihres Gehirns verändern.

So verändert Dankbarkeit das Leben mit Ihrem Hund

Dankbarkeit sorgt für eine stabile Bindung zwischen Ihnen und Ihrem Hund. Sie werden erkennen, wie großartig das Leben mit ihm ist und Sie werden dankbar dafür sein. Das wird Ihr Hund spüren, weil Sie freundlich mit ihm umgehen. Aus dieser inneren Zufriedenheit heraus hat dann auch das Vergleichen mit anderen Hundehaltern und deren Hunden ein Ende.

Außerdem reduziert ein tägliches Dankbarkeitsritual Stress und Sie können Krisen mit Ihrem Hund besser meistern. Nicht nur, weil Sie optimistischer denken, sondern auch, weil Sie proaktiv handeln und selbstbewusster sind. In wissenschaftlichen Studien wurde nachgewiesen, dass sich ein tägliches Dankbarkeitsritual positiv auf die Schlafqualität und Gesundheit auswirkt – und wenn es Ihnen gut geht, dann geht es auch Ihrem Hund gut, weil Sie die Bezugsperson werden, die Ihr Hund braucht.

Ihr tägliches Dankbarkeitsritual

Um Dankbarkeit in Ihr Leben zu integrieren, sollten Sie täglich ein paar Minuten investieren und aufschreiben, wofür Sie dankbar sind. Damit haben Sie schnell ein Buch voller schöner Momente, die Sie aufheitern werden, wenn es Ihnen einmal nicht gut geht. Und wenn Sie darin lesen, wird Ihnen sofort einfallen, wofür Sie jetzt gerade dankbar sind.

Dabei ist es von Vorteil, wenn Sie sich für Ihre Dankbarkeitspraxis ein oder zwei feste Punkte in Ihrem Tagesablauf auswählen. Zum Beispiel direkt nach dem Aufwachen, nach dem ersten Kaffee oder vor dem Einschlafen. Das wird Ihnen helfen, das Dankbarkeitsritual zu einer selbstverständlichen Gewohnheit zu machen. Dabei hilft Ihnen ein Dankbarkeitstagebuch mit vorgedruckten Seiten, das die richtigen Fragen stellt und Ihnen einen schönen und festen Platz für Ihre Gedanken

gibt. Das Dog Journal ist weltweit das erste Dankbarkeitstagebuch für Hundehalter. Mit seiner Hilfe können Sie ein halbes Jahr lang jeden Tag Ihre Gedanken auf die schönen Dinge im Leben mit Ihrem Hund richten, denn Sie finden für jeden Tag eine Seite zum Ausfüllen. Jeden Morgen und Abend können Sie sich für die tollen Momente mit und auch ohne Ihren Hund bedanken.
Mehr zum Dog Journal finden Sie unter: www.dog-journal.de

Etwas Vorbereitung vor dem (ersten) Ausflug

Gut vorbereitet klappt alles besser! ☺ Wie schon erwähnt, sollten wir beim Waldbaden nicht verkopft planen und verbissen das Ziel haben, dass Hund und Mensch sich zwangsweise entspannen müssen. Vielmehr soll das Waldbad im Fluss sein, wir sollten uns tragen lassen und schauen, was passiert. Wenn das mal nicht klappt, ist es auch nicht schlimm, seien Sie liebevoll mit sich selbst und mit Ihrem Hund – es wird ein anderer Tag kommen, an dem es hervorragend klappen wird. Trotzdem hilft es uns und vor allem auch dem Hund, wenn wir vorher ein wenig geplant und arrangiert haben und Dinge ausschließen, die wir nicht erleben wollen und leicht vermeiden können. Denn so können wir im Wald richtig loslassen und entspannen.

Der richtige Ort

Sicher sind Sie sowieso öfter mit Ihrem Hund im Wald unterwegs – vielleicht haben Sie ja schon ein bestimmtes Gebiet oder ein Waldstück im Kopf, an das Sie beim Thema Waldbaden gleich gedacht haben. Oft ist es unser Unterbewusstsein, das uns schnell Bilder zeigt, Entscheidungen treffen lässt und schon weiß, welche Orte im Wald uns und unserer Seele besonders guttun. Dort, wo der Wald am dichtesten ist, ist die Konzentration der wertvollen Terpene natürlich am größten und Nadelwälder haben eine höhere Konzentration bioaktiver Pflanzenstoffe als Laubwälder. Dennoch profitieren wir am meisten von den positiven Effekten des Waldes, wenn wir uns wohl fühlen und unsere Hunde ebenso. Vielleicht hilft es Ihnen aber auch, beim ersten Mal einfach loszulaufen und ganz ohne Plan, nur nach Gefühl zu erspüren, wo ein guter Platz für Sie beide sein könnte.

Wenn Sie nicht sicher sind, ob dieser Platz wirklich geeignet ist, können Sie beim zuständigen Forstamt erfragen oder googeln, ob „Ihr Wald" einem bestimmten Schutzstatus unterliegt und es Einschränkungen oder Betretungsverbote zum Schutze der Natur gibt.

Eine paar Dinge sollten Sie noch beachten, bevor Sie gänzlich in den Wald eintauchen oder sich niederlassen:

- Achten Sie darauf, **nicht direkt an einem sehr frequentierten Weg Ihr Lager** aufzuschlagen, sondern besser etwas abseits, denn wenn Sie mit Ihrem Hund unterwegs sind und er sich entspannen soll, ist es nicht ideal, wenn oft frem-

de Menschen und deren Hunde vorbeikommen. Ihr Hund könnte aufgeregt jeden begrüßen wollen oder am Entspannungsplatz „Eindringlinge" melden und Sie beschützen und verteidigen wollen, auch wenn er das sonst vielleicht nicht macht. Ihr Hund spürt, wenn Sie gerade mit Ihren Gedanken woanders sind. Es ist auch möglich, dass er den wertvollen (Futter-)Ort (wenn Sie zum Beispiel eine hochwertige Futtersuche dort machen oder dem Hund einen gefüllten KONG® geben) für sich behalten und nicht mit anderen Hunden teilen möchte.

- Der Wald ist ein **wertvoller Lebensraum für viele Tiere und Pflanzen**. Bewegen Sie sich so, als wären Sie bei jemandem zu Gast. Vermeiden Sie querfeldein durch dichtes Gehölz zu gehen, sonst stören Sie die dort lebenden Tiere! In der Brut- und Setzzeit bleiben Sie bitte auf den Wegen.

- **Bedenken Sie, dass Ihr Hund keine Schuhe beim Waldbaden anhat** und keine Kleidung trägt. Dort, wo Sie nicht unbedingt barfuß laufen würden, weil Brennnesseln, Brombeeren und Disteln wachsen, sollten Sie ihn nicht entlangführen und schon gar nicht Ihr Lager aufschlagen.

- Bevor Sie sich zu einer Entspannungspause niederlassen, beobachten Sie kurz ganz besonders genau Ihren Hund: **Wie sieht es in Sachen Wild in der nahen Umgebung aus?** Wittert er etwas? Streckt er die Nase

in den Wind? Oder zeigt er vielleicht Meideverhalten, weil wehrhaftes Wild (Wildschwein, Dachs etc.) in der Umgebung ist? Gerade wenn es im Wald dichtere Bereiche mit mehr Bewuchs gibt, ist es gut möglich, dass sich das Wild hier niedergelassen hat und diesen Ort als Einstand nutzt. Bitte stören Sie die Tiere nicht. Ist Ihr Hund jagdlich interessiert, würde es ihm ohnehin sehr schwerfallen, sich ausgerechnet hier wirklich zu entspannen. Suchen Sie in dem Fall lieber nach einem besser geeigneten Platz.

- Wenn Sie einen passenden Ort gefunden haben, um sich niederzulassen, **lassen Sie Ihren Hund diesen Platz zunächst genau untersuchen und abschnüffeln**. Während wir Menschen uns schnell einen Überblick verschaffen, braucht der Hund meist länger und möchte intensiv seine Nase einsetzen und sich dabei umsehen. Geben Sie ihm auf jeden

Fall die Zeit, die er dazu braucht. Für Ihren Hund ist dieses Abschnüffeln auch eine Art „Sicherheitscheck“ der aktuellen Umgebung, und nur wenn er sich wirklich sicher fühlt, wird er sich auch entspannen können.

- Wenn Sie beide den Ort für gut befunden haben, haben Sie bitte auch für Ihren Hund **eine ausreichend große Decke als Unterlage** dabei. Erstens liegt er dann bequem und zweitens lernt er schnell, dass das Ausbreiten der Decke anzeigt, dass Sie beide an diesem Ort eine Weile bleiben werden. Bevor Sie die Decke ausbreiten, schauen Sie bitte, ob dort nicht eine Ameisenstraße kreuzt, sich eine Schlange sonnt oder Käfer herumkriechen.

Orientierung

Manche Menschen verfügen über einen sehr gut ausgeprägten Orientierungssinn, andere verlaufen sich sogar im eigenen Viertel. Je nachdem, wie erkundungsfreudig Sie in fremdem Terrain sind und wie zuverlässig Sie sich auf Ihren Orientierungssinn verlassen können, sollten Sie eine Karte mitnehmen oder entsprechende Karten auf Ihrem Handy anwählen können.

Notieren oder merken Sie sich zur Sicherheit immer auch die Rettungspunkte oder laden Sie sich die entsprechende App herunter, die sie anzeigt. Sollte wirklich einmal ein Unfall passieren, können Sie so sicher, schnell und zuverlässig Angaben darüber machen, wo Sie sich befinden. Im Notfall hilft die Beschreibung „In dem und dem Wald, Sie wissen schon, bei der Weggabelung, an der dritten Eiche links ..." nicht besonders.

Zusätzlich gibt es sowohl für Ihr Handy als auch für Ihren Hund GPS-Geräte, die punktgenau mitteilen, wo Sie sich befinden. Bedenken Sie aber, gerade wenn Sie ein ausgiebiges Waldbad planen, dass die Akkus im Winter nicht so lange halten. Eine Powerbank leistet also gute Dienste. Solange Sie im Wald ungestört sein wollen, schalten Sie Ihr Handy einfach auf Flugzeugmodus oder auf leise.

Und bevor Sie zu einem ausgiebigen Aufenthalt im Wald aufbrechen, informieren Sie noch ein bis zwei Freunde oder Familienmitglieder, wo und wie lange Sie etwa unterwegs sein möchten.

Zeit und Wetter

Für ein Waldbad sollte man sich Zeit nehmen und möglichst keinen Termin im direkten Anschluss haben. Nur wenn Sie sich von der Zeit tragen lassen und im Augenblick verweilen können, kann das Waldbad richtig wirken. Und nehmen Sie sich gerne die ersten 20 bis 30 Minuten Zeit, um wirklich einen Spaziergang mit und besonders für Ihren Hund zu machen und planen Sie diese Zeit zusätzlich mit ein. Die meisten Hunde wollen gerade zu Beginn eines Ausflugs laufen und mit allen Sinnen erkunden. Erst wenn dieses Bedürfnis gestillt ist, haben sie die innere Ruhe, mit Ihnen an einem Platz zu verweilen.

Waldausflüge sind übrigens zu jeder Jahreszeit schön, nicht nur im Frühjahr und Sommer.

Bedenken Sie aber – vor allem, wenn Sie einen jagdlich ambitionierten Hund haben –, wann Sie gehen. In der Früh und am Abend ist das Wild aktiver, so dass sich Ihr Hund nur schwer oder auch gar nicht entspannen kann. Außerdem ist rund um Sonnenaufgang und Sonnenuntergang die Zeit, zu

der viele Jäger ansitzen. Falls Ihr Hund schussscheu ist und/oder empfindlich auf Knallgeräusche reagiert, sollten Sie diese Zeiten deshalb meiden. Ansonsten kann die Zeit des Sonnenauf- oder Sonnenuntergangs ein wundervolles Erlebnis im Wald sein.

Bevor Sie sich aufmachen, schauen Sie noch einmal in den Wetterbericht und ins Regenradar. Gegen ein Waldbad bei Regen ist mit richtiger Ausrüstung nichts einzuwenden. Ganz im Gegenteil, das kann eine ganz wunderbare Erfahrung sein. Sind aber Gewitter oder Sturm gemeldet, sollten Sie Ihr Waldbad verschieben, denn Blitzschlag und Windbruch sind wirklich nicht zu unterschätzende Gefahren.

Waldausflüge sind übrigens zu jeder Jahreszeit schön, nicht nur im Frühjahr und Sommer. Mit der richtigen Kleidung und Ausrüstung kann auch ein Waldbad im Herbst oder Winter ein herrliches Erlebnis sein. Im Frühjahr, Sommer und Herbst sollten Sie aber unbedingt an eine Zecken- und Mückenprophylaxe für sich und Ihren Hund denken!

Was nehmen Sie mit?

- Ein ganz wichtiger Punkt für ein Waldbad mit Hund ist **der passende Rucksack**. Er sollte geräumig sein und passend sitzen – am besten mit einem entlastenden Hüftgurt, so dass Sie ihn auch bei längeren Touren gerne tragen. Es lohnt sich wirklich, in ein gutes Modell zu investieren, denn Sie und auch Ihr Rücken werden dann lange Freude daran haben.

- **Eine kleine Brotzeit, genügend Flüssigkeit für Mensch und Hund, ein Erste-Hilfe-Set und die Entspannungsutensilien für den Hund** sollten darin Platz finden. Ein **kleines Notizbuch mit Stift** ist hilfreich, denn erfahrungsgemäß kommen einem beim Waldbaden oder kurz danach oft ganz wundervolle Gedanken, die man sofort zu Papier bringen möchte, um sie nicht wieder zu vergessen.

- Ebenfalls ist **bequeme, strapazierfähige, also auch unterholztaugliche und wetterfeste Kleidung** ein Muss. Nehmen Sie auch immer etwas gegen Regen mit, denn wenn Sie im Wald sind, kann so ein Regenschauer ein ganz wunderbares Erlebnis sein. Es wäre so schade, wenn Sie Ihr Waldbad nass und kalt abbrechen müssten! Ein kleiner Regenschirm oder ein Regenponcho sind praktische Utensilien, denn beides lässt sich klein zusammenpacken und bietet trotzdem Ihnen, dem Hund und dem Rucksack Schutz, wenn Sie einen Regenschauer abwarten möchten.

- Die **Ausrüstung für den Hund in der kalten und feuchten Jahreszeit** sollte ebenfalls bedacht werden. Allzu oft hört man: Meinem Hund macht das Wetter nichts aus und außerdem stammt der Hund ja vom Wolf ab, der friert doch nicht und braucht auch keinen Mantel …! Man vergisst dabei aber, dass unsere Hunde einer gezielten Selektion ausgesetzt waren, bei der es meistens nicht um den Erhalt funktionaler, lebenstauglicher Eigenschaften, sondern um bestimmte Verhaltensweisen oder Schönheitskriterien ging. Kaum ein kurzhaariger Hund hat heutzutage noch wirklich funktionales Fell gegen Wind und Wetter. Hinzu kommt, dass Hunde überwiegend im geheizten Haus gehalten werden und so auch gar kein Winterfell oder wettertaugliches Haarkleid ausbilden können. **Deswegen macht es Sinn, die Hunde gegen Regen und Wetter zu schützen, wenn es ihr Fell nicht in ausreichendem Maße kann.** Viele Hunde können sich mit einem wärmenden Mäntelchen auch besser entspannen und gerade alte und kranke Hunde profitieren natürlich sehr davon. Auch wenn Ihr Hund Probleme mit dem Bewegungsapparat (z. B. Hüfte, Ellenbogen, Rücken) hat, ist es wichtig, dass er in den Ruhephasen nicht auskühlt.

- Wenn Ihr Waldbad zur kalten Jahreszeit stattfindet, **ziehen Sie sich wirklich warm an, am besten im Zwiebellook**, denn beim Laufen schwitzt man zwar schnell, aber sobald man rastet, wird es im Wald schnell frisch! Ein **isolierendes Sitzkissen und eine Decke**, in die man sich einwickeln kann, haben sich ebenfalls bewährt.

- Ihr Hund sollte während des Ausflugs in den Wald **mit einer langen Leine gesichert sein**, so können Sie sich besser auf sich konzentrieren und müssen ihn nicht dauernd beaufsichtigen, ob er vielleicht Wild oder einen anderen Geruch in der Nase hat. Die lange Leine sollte immer **an einem gut passenden Brustgeschirr** befestigt sein, denn rennt der Hund in ein Halsband, kann dies zu Schädigungen an Nacken, Kehlkopf, Wirbelsäule und vielen weiteren Punkten führen. Probieren Sie aus, welche Leinenlänge und welches Material für Sie und Ihren Hund passend sind. Erlaubt ist alles, solange es seinen Zweck erfüllt und dem Hund nicht schadet.

- Außerdem ist es sinnvoll, wenn Ihr Hund **Name und Telefonnummer am Geschirr** trägt, sollte er doch einmal auskommen. Sie ersparen ihm damit gegebenenfalls einen Aufenthalt in einem Zwinger im Tierheim, denn auch ein mit Mikrochip versehener Hund wird erst im Tierheim ausgelesen. Deswegen ist es sinnvoll, wenn Ihr Hund eine Kennzeichnung trägt. Name und Telefonnummer sollten daran so

lesbar sein, dass ein Fremder Ihren Hund dafür nicht anfassen muss. Kleine Adresshülsen sind deshalb eher unpraktisch. Gerade wenn der Hund in Panik weggelaufen oder verletzt ist, wird er sich eventuell nicht von einer fremden Person, die ihn gefunden hat, anfassen lassen. Und nicht jeder Mensch traut sich einen fremden Hund festzuhalten, um ihm Halsband oder Adresshülse zu entfernen. Deswegen haben sich Adressletts, die man über den Steg am Geschirr befestigen kann, sehr bewährt. Die Nummer ist auch bei langhaarigen Hunden an dieser Stelle gut lesbar, ohne dass jemand dem Hund zu nahe kommen muss.

Kauartikel und Kauspielzeugtest

Kauartikel können entweder ein gutes Mittel sein, den Hund über einen gewissen Zeitraum bei einer stationären waldsamen Einheit zu beschäftigen oder sogar den Effekt haben, ihn zu beruhigen, um eine Entspannungseinheit einzuleiten. Je nach Individuum und Kauartikel sind die Reaktionen aber verschieden und deshalb es ist hilfreich, hier genauer hinzusehen. Damit Sie für die jeweilige Situation auch den richtigen Kauartikel parat haben, macht es Sinn, für den Hund erst einmal ein „Testessen" zu arrangieren. Ihr Hund wird sicher Freude daran haben! ☺ Überlegen Sie bei den Vorbereitungen zunächst, was Ihr Hund gut verträgt. Welche Proteinquelle ist für ihn passend und schmackhaft. Achtung: Nicht alle Hunde vertragen getrocknete Kauartikel. Wählen Sie beim Kauf hochwertige Qualität. Viele günstige Produkte kommen aus China,

gerade chemisch behandelte Rinderhaut, die oft in fertigen Kauknochen verwendet wird, ist stark mit Chemikalien belastet. Über die Haltungsbedingungen der Rinder und die Umweltbelastung bei der Produktion müssen wir hier gar nicht reden. Achten Sie deshalb darauf, dass Sie getrocknete und nicht in irgendeiner Form verarbeitete Kauartikel füttern. Es gibt mittlerweile viele Anbieter in Deutschland, die regional erzeugen und bei denen die Tiere so artgerecht wie möglich auf der Weide gehalten werden.

Achtung:

Nicht alle Hunde vertragen getrocknete Kauartikel. Wählen Sie beim Kauf in jedem Fall hochwertige Qualität.

Besorgen Sie sich eine Auswahl verschiedener Größen und Härtegrade. Jetzt liegt es an Ihnen, gut zu beobachten – natürlich ohne den Hund dabei zu verunsichern. Finden Sie den Kauartikel, an dem Ihr Hund Interesse hat, den er gerne kaut und an dem er aber auch möglichst lange Freude hat. Viele Hunde sind frustriert, wenn das Kaustängelchen so hart ist, dass sie kaum etwas abgenagt bekommen. Entweder verlieren sie das Interesse dann komplett oder sie kauen aufgeregt mit großen Pupillen darauf herum in der Hoffnung, irgendwann ein Stückchen abknabbern zu können. Sollten Sie das Gefühl haben, Ihr Hund kaut sehr hektisch, wählen Sie ein anderes Produkt. Natürlich sind aber auch getrocknete Artikel, die im Nullkommanichts verschlungen werden, hierfür ungeeignet. Und achten Sie auch darauf, falls Sie einen eher gierigen Hund haben, dass er das letzte Stück nicht im Ganzen herunterschlingt. Entweder tauschen Sie das letzte Endstück gegen etwas anderes Hochwertiges (zum Beispiel einen Löffel voll Nassfutter oder ein Stück Wurst/ Käse) oder Sie nutzen einen Boneguard, bei dem man das Endstück ganz einfach einspannt, so dass es nicht abgeschluckt werden kann.

Wenn Trockenkauartikel nicht die erste Wahl bei Ihrem Hund sind, können Sie es auch mit den zahlreichen interaktiven Kauspielzeugen versuchen, die man selber befüllen oder bestreichen kann. Auch hier können Sie experimentieren und alles, was der Hund verträgt, ausprobieren. Von Streichkäse über Nassfutter bis hin zu Erdnusscreme ist alles möglich. Flüssigere Füllungen wie zum Beispiel Quark oder Babynahrung aus dem Glas lassen sich auch hervorragend mit dem Kauspielzeug einfrieren. So hat der Hund noch länger Spaß und gerade im Sommer ist das eine willkommene Abwechslung.

Der Favorit vieler Hunde ist der sogenannte KONG®. Er sieht ein bisschen aus wie ein Michelinmännchen, hat unten ein Loch und lässt sich so sehr einfach befüllen. Aber auch Back- und Leckmatten mit Leberwurst bestrichen lassen das Herz vieler

Hunde höher schlagen. Hier gibt es im Fachhandel und im Internet mittlerweile eine Reihe toller Produkte, bei denen Ihr Hund lange und freudig beschäftigt ist. Probieren Sie aus, was Ihr Hund mag, ohne gestresst zu sein und achten Sie darauf, dass der Untergrund nicht so hart ist, dass Ihrem Hund nach dem Ablecken die Zunge wehtut. Außerdem sollte das Spielzeug auch gut in Ihren Waldbaderucksack passen. Bedenken Sie, dass in freier Natur bestimmte Kauartikel oder Füllungen Insekten wie Ameisen oder Wespen anlocken könnten.

Passende Kauartikel können dem Hund eine Pause angenehmer machen. Fällt es Ihrem Hund zum Beispiel noch schwer sich zu entspannen, kann er sich mit einem passenden Kauartikel einige Zeit ruhig beschäftigen und Sie haben Zeit für eine Achtsamkeitsübung.

Selbstgemacht!

Wenn es um Hundespielzeug und Beschäftigung geht, lassen wir Menschen uns schnell von bunten Farben und aufwändigem Marketing blenden. Auf dem Markt gibt es unzählige Beschäftigungsspielzeuge für Vierbeiner. Manche funktionieren hervorragend und entsprechen den Bedürfnissen der Hunde, andere sind weder nachhaltig noch gesund oder sinnvoll. Aber, wie so oft, sind es auch beim Hund die kleinen, einfachen Dinge, die Spaß bringen! Viele Hunde lieben es, wenn man ihnen etwas aus Haushaltsgegenständen bastelt, das sie dann zerstören und zerrupfen dürfen. Je enger oder dichter die Päckchen dabei gepackt sind, desto schwieriger ist es für den Hund, sie zu öffnen. Achten Sie deshalb darauf, dass Sie den Schwierigkeitsgrad langsam steigern, sonst hat der Hund beim Auspacken eher Frust als Freude.

Einige Ideen habe ich Ihnen hier aufgelistet:

- Butterbrot- oder Bäckertüten mit Leckerchen füllen.
- Die Taschen von alten Jeans oder anderen Kleidungs-

stücken mit Leckerchen füllen; hat der Hund damit schon etwas Übung, kann man sie auch noch verknoten.

- Eier- oder Pappkartons mit Leckerchen füllen und verschließen.
- Klorollen oder Küchenrollen mit Leckerchen füllen, evtl. mit zerknüllter Zeitung die Enden verschließen.

Bei all den gebastelten Paketen achten Sie bitte auf Ihren Hund, damit er die Verpackungsmaterialien nicht verschluckt. Ein wenig ungebleichtes, ungefärbtes Papier macht dem Hundemagen in der Regel nichts aus, er sollte aber keine großen Mengen vertilgen! Wenn Sie die Päckchen mit auf Ihr Waldbad nehmen und dem Hund draußen zum Auspacken geben, nehmen Sie alle Überreste bitte wieder mit nach Hause. ☺

Beobachtungsübung

Für die Planung Ihres waldsamen Ausflugs ist es von Vorteil, wenn Sie Ihren Hund auf einer normalen Runde durch den Wald schon ein paar Mal bewusst beobachten und auf folgende Kriterien achten:

- Wo ist er besonders aufgeregt?
- Warum ist das so? Sind dort viele Artgenossen unterwegs (gewesen)?
- Sind dort viele Menschen, Radfahrer, Jogger unterwegs gewesen?
- Ist dort viel Wild? Oder viele Wildspuren?

- Wie ist das Gelände und könnte das meinen Hund beeinflussen?
- Könnte das Wetter oder die Temperatur eine Rolle spielen?
- Ist er auf dem Hinweg oder auf dem Rückweg entspannter?
- Welche Wege mag mein Hund besonders gern?
- An welchen Orten kann er sich mit der Umwelt beschäftigen, ohne dabei schnell unerwünschtes Verhalten zu zeigen?
- Wo und in welchen Situationen legt er sich vielleicht sogar von selbst gerne ab?

All diese Beobachtungen, besonders die, wo es Ihrem Hund besonders leicht fällt zu entspannen, können Sie hervorragend nutzen, um Ihr Waldbad zu planen. Gleichen Sie die gewonnenen Erkenntnisse mit Ihren Vorlieben im Wald ab und finden Sie dann ein Gebiet, das Ihnen beiden guttun wird.

Die Ausrüstung im Überblick

Allgemein

- Decke, Sitzkissen oder eine kleine Outdoorhängematte mit entsprechenden Karabinern
- wetterfeste Kleidung für Mensch und Hund, Regenponcho, Regenschirm
- Wasser und eine kleine Brotzeit für Mensch und Hund
- Handy für Notfälle
- Erste-Hilfe-Set inklusive Zeckenzange
- Entspannungsutensilien für den Hund
- Notizbuch und Zettel
- Müll- und Kotbeutel
- lange Leine, kurze Leine, Geschirr
- ein kleines Handtuch, um die Füße nach dem Barfußlaufen abzutrocknen

Kalte Temperaturen

- warmes Getränk in Thermoskanne
- isolierendes Sitzkissen und eine Decke zum Zudecken
- isolierende Decke für den Hund
- warmer und gut sitzender Hundemantel für stationäres Entspannen

Warme Temperaturen

- ausreichend Wasser für Hund und Mensch
- Mücken und Zeckenabwehr!
- Sonnenschutz/ Sonnencreme/ Sonnenhut

Always nice to have:

- Fernglas
- Bestimmungsbuch oder Bestimmungsapp für Bäume, andere Pflanzen, Pilze, Tierspuren usw.

Und hier noch ein paar Übungen/ Beschäftigungsspiele, die Sie beim Waldbaden gut einsetzen können. Manche müssen vorbereitet werden, mit anderen können Sie gleich beginnen. Das richtet sich auch nach den Vorlieben und dem Ausbildungsstand Ihres Hundes. Probieren Sie einfach das aus, wovon Sie glauben, dass es Ihrem Hund und Ihnen Spaß macht und variieren Sie dabei auch ruhig einmal.

Die 10-Meter-5-Minuten-Suche

Eine nette Beschäftigungsidee, die die meisten Hunde lieben und die auch ein ganz tolles Tool für Pausen im Wald ist. Natürlich sind dafür nicht zwingend immer eine 10 Meter lange Leine und 5 Minuten Zeit erforderlich, man kann auch eine 5-Meter-3-Minuten-Suche machen. Aber gerade für ein entspanntes Waldbad ist es schön, wenn sich der Hund möglichst lange ruhig beschäftigen kann und dabei auch noch sein Bedürfnis nach Stöbern und Suchen ausleben darf.
Und so geht's: Sie brauchen

- weiche Leckerchen
- Leckerchen mit Loch zum Auffädeln
- viele, sehr kleine Leckerchen zum Streuen (ca. 0,5 cm)
- 2 bis 4 Hundeüberraschungspäckchen
- Leberwurst aus der Tube

Diese Mengen- und Größenangaben sind für einen mittelgroßen Hund gedacht. Ist Ihr Hund größer oder kleiner, passen Sie die Leckerchen einfach entsprechend an. Zusätzlich brauchen Sie eine lange Leine, die immer an einem gut sitzenden Geschirr zu befestigen ist, bitte niemals am Halsband.

Überlegen Sie sich vorher, mit welchem Signal und Ritual Sie diese neue Art der Suche starten möchten. Ziel ist es, dass der Hund bei der Suche möglichst lange, intensiv und kleinräumig den gesamten Leinenradius absucht, ohne dass Sie dabei mit ihm kommunizieren – wie er es vielleicht von anderen Sucharten auf Ihrem Spaziergang kennt. Denn erstens ist es sowieso nicht nötig, einen Hund während der Suche ständig anzusprechen, es stört ihn eher und zweitens können Sie sich so auch Zeit für sich nehmen, während er die Leckerchen einsammelt.

Übungsaufbau

1. Schritt

Sie brauchen einen Ort, an dem sich diese Art der Suche gut durchführen lässt. Es sollte nicht übermäßig viel Bewuchs am Boden sein, so dass sich die Leine nicht dauernd verheddert und der Hund sollte sich mit seiner Leine auch nicht ständig um die Bäume wickeln. Es sollten möglichst keine fremden Hunde vorbeikommen, da es ansonsten zur Futterverteidigung kommen könnte. Und wie immer gilt im Wald: Seien Sie rücksichtsvoll mit Tier und Natur bei der Auswahl der passenden Stelle. Eine kleine Lichtung eignet sich meist am besten.

Leinen Sie Ihren Hund an einem Baum an, so dass er Ihnen beim Vorbereiten zusehen kann. Er sollte hierfür schon gelernt haben zu warten, damit Sie ihn nicht zu sehr frustrieren oder er Angst bekommt. Sollte es ihn stressen, investieren Sie vorher Zeit in den Aufbau des Wartens. Bei der hier beschriebenen Übung soll der Hund warten, ohne sich aufzuregen. Er darf aber mit dem Wissen zusehen, dass jetzt gleich etwas Großartiges passiert. Es geht hier nicht darum, dass er sich entspannt. Das wäre in der Tat auch zu viel verlangt.

Auch wenn Ihr Hund eigentlich schon gut warten kann, leinen Sie ihn trotzdem an. Sie brauchen beim Ausbringen länger als bei einer normalen Suchaufgabe und Sie verstecken ja nicht nur einen langweiligen Dummy, sondern ein wahres Festmahl. Freies Warten ist anstrengend und verbraucht eine Menge Impulskontrolle.

Nun **verteilen Sie die Leckerchenschätze im gesamten Leinenradius**: Streuen Sie die sehr kleinen Leckerchen großzügig und weiträumig über den Boden, tupfen Sie mit der Leberwursttube Kleckse an die Rinde der Bäume auf verschiedenen Höhen. Verstecken Sie die Pakete ein wenig unter Moos oder hinter Bäumen. Falls Ihr Hund Ihnen genau zusieht, können Sie ihm zur Ablenkung bereits ein paar kleine Leckerchen an seinen Wartebaum werfen. So kümmert er sich um seine Kekse am Boden und Sie können schnell die „Geschenke" verschwinden lassen. Drücken Sie die weichen Leckerchen in die Baumrinde in verschiedenen Höhen und fädeln Sie die Leckerchen mit Loch auf kleine Ästchen.

2. Schritt

Dann gehen Sie zu Ihrem Hund und überlegen sich vorher ein eindeutiges Ritual, das Sie sonst nicht im Alltag oder bei „normalen" Suchaufgaben verwenden. Setzen Sie sich zum Beispiel in die Hocke neben Ihren Hund und halten Sie ihn seitlich am Geschirr fest. Sortieren Sie nun die lange Leine und nehmen das Ende in die Hand und geben Sie dann ein eindeutiges Wortsignal, das neu für den Hund sein sollte (zum Beispiel „Uuuuunnnnd los geht die Suche") und lassen den Hund los.

So geht's weiter

Sie sollten das Suchgebiet Schritt für Schritt vergrößern und die Kommunikation mit Ihrem Hund immer mehr ausschleichen, so dass Sie sich sogar wegdrehen können und Ihr Hund trotzdem weiter sucht. Zunächst halten Sie das Gebiet kleiner (ca. 3 x 3 Meter) und nutzen weniger Leckerchen. Während der Hund sucht, sagen Sie nichts und schauen ihn möglichst auch nicht an. Warten Sie geduldig, bis er alles abgesucht hat und wirklich komplett fertig ist. Erst wenn er zu Ihnen kommt, geben Sie Ihr „Übung fertig"-Signal und gehen weiter. Bei den nächsten Suchen vergrößern Sie langsam das Gebiet. Hat dies ein paar Mal gut geklappt, dann halten Sie das Gebiet wieder etwas kleiner, schauen diesmal aber auf den Boden oder drehen sich weg, während Ihr Hund sucht. Wenn er es gewöhnt ist, sich immer wieder bei Ihnen rückzuversichern, muss dies langsam ausgeschlichen werden, um ihn nicht zu verunsichern. Wenn Ihr Hund sehr eigenständig sucht, brauchen Sie hier keinen Zwischenschritt machen.

Klappt auch das gut und der Hund wundert sich nicht, warum Sie so abwesend sind, dann vergrößern Sie das Gebiet wieder und drehen sich weg. Der Hund sollte mindestens 5 Minuten ausgiebig beschäftigt sein – gerne auch länger. Sollte dies nicht der Fall sein, weil der Hund zu schnell fertig ist, verstecken Sie die Leckerchen und Päckchen schwieriger oder nehmen Sie ein wenig mehr Leckerchen.

WICHTIG: Diese Art der Leckerchensuche ist ausdrücklich nicht dazu gedacht, den Hund draußen zu füttern! Diese manchmal empfohlene Trainingsart regt den Hund draußen schnell auf, weil er in der ständigen Erwartungshaltung ist, endlich sein Futter suchen zu dürfen und Hunger hat. Keine gute Idee! Sie können das Futter an dem Tag, an dem Sie diese Übung mit ihm machen, etwas reduzieren, aber Ihr Hund sollte immer wissen, dass er zu bestimmten Zeit in aller Ruhe aus seinem Napf fressen darf.

WELLNESS- UND ENTSPANNUNGSMASSAGE

von Heike Benzing

Die positive Wirkung von Massagen ist seit langem bekannt. Nicht nur wir Menschen können uns dem Genuss einer Massage hingeben und ihre Effizienz spüren, sondern auch unsere Tiere. Gerade beim Waldbaden ist eine Massage eine gute Möglichkeit, um die positiven Effekte des Waldes noch zu verstärken. Ganz wichtig ist jedoch, dass das Tier die Berührungen als angenehm empfindet und wir ihm die Zeit geben, sich darauf einzulassen. Für manchen Hund ist die Massage noch ungewohnt, während der andere wie Butter unter unseren Händen zerfließt.

Bevor wir unseren Hund massieren, ist es von Vorteil zu wissen, an welchen Körperstellen er das gerne mag und an welchen weniger gern. Hierfür ist die Übung „Der bunte Hund" (weiter unten in diesem Kapitel) eine gute Vorarbeit. Ebenso ist es sinnvoll, den Hund zunächst zu Hause, in gewohnter Umgebung an die Massage zu gewöhnen. Wenn Sie das Gefühl haben, dass Ihr Hund während der Massage eher skeptisch ist, dann beobachten Sie ihn und geben Sie ihm die Möglichkeit zu gehen, wenn er dies möchte. Es kann durchaus sein, dass Ihr Hund erst lernen muss, sich auf diese Art der Berührung einzulassen. Ebenso kann es sein, dass er eine Reaktion in den massierten Strukturen

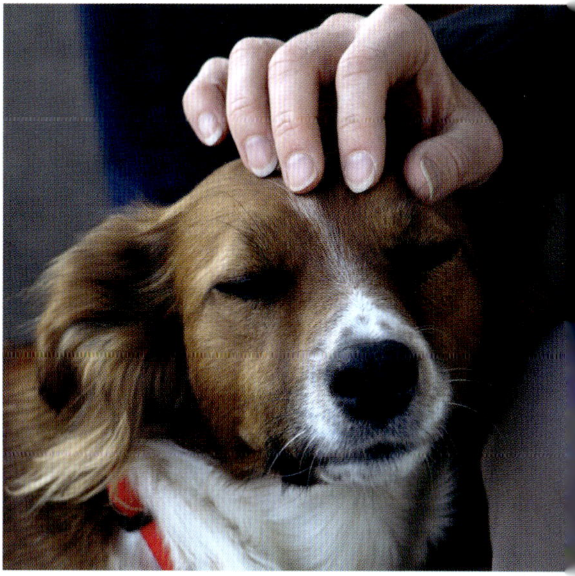

fühlt, diese jedoch noch nicht wirklich einordnen kann und daher verunsichert ist. Sollte Ihr Hund aufstehen und sich der Situation entziehen, ist dies nicht schlimm. In jedem Fall geben Sie ihm den Freiraum, selbst zu entscheiden – das gibt viel Sicherheit.

Einige Griffe der klassischen Massage können leicht erlernt werden. Sinnvoll ist es, wenn Sie bei einem Tierphysiotherapeuten einen Termin zur Wellnessmassage vereinbaren, verbunden mit der Bitte, dass er Ihnen leichte Handgriffe für den Hausgebrauch zeigt. Man findet auch immer wieder ausgeschriebene Massageworkshops, die einen Besuch wert sind.

Warum sollten wir unseren Hunden eine Massage gönnen?

Jeder von uns kennt das Gefühl, wenn sich der eigene Körper angespannt und nicht mehr ganz so geschmeidig anfühlt, wie wir ihn in Erinnerung haben. Das kann durch einseitige Belastungen kommen, durch unzureichende oder auch zu viel Bewegung, durch nicht funktionelle Bewegungen, durch

Verletzungen, die uns in der Bewegung einschränken, durch psychische Belastungen und einiges mehr. Die Ursächlichkeit kann vielfältig sein und ist nicht immer exakt zurückzuverfolgen. Die positive Wirkung der Massage auf Körper und Geist ist unumstritten. Sie wirkt sich günstig auf unterschiedliche Strukturen wie Haut, Faszien, Muskeln, Gefäße und Nerven aus. Das Zusammenspiel der unterschiedlichen Wirkorte spiegelt sich positiv in der Psyche und im Allgemeinbefinden des Hundes wider.

Es gibt detonisierende und tonisierende Massagen. Die detonisierende Massage dient der Absenkung der Muskelgrundspannung und die tonisierende der Erhöhung des Muskeltonus. Bei Massagen, die Sie beim Waldbaden mit Ihrem Hund nutzen können, werden wir uns auf die detonisierende Massage konzentrieren.

Welche körperlichen Reaktionen können wir bei unserem Hund durch eine Massage auslösen?

- verbesserte Durchblutung
- Absenken der Aktivität des Sympathikus. Dies geschieht über den Reiz auf die Ruffini-Körperchen während der Massage. Die Ruffini-Körperchen gehören zu den sogenannten Mechanorezeptoren, die unter anderem auf Berührung und deren Intensität reagieren.
- verbesserte Stoffwechselaktivitäten
- Mobilisierung von Gewebe
- schmerzreduzierende Wirkung unter anderem aufgrund der Freisetzung endogener Endorphine und des schnelleren Abtransports algogener Substanzen. Das sind chemische Stoffe, die die Nozizeptoren aktivieren und bei der Schmerzentstehung eine Rolle spielen.
- Stressreduktion
- Förderung der Bindung zwischen Mensch und Hund

- Ausstoß vom Botenstoff Oxytocin, das wichtig für die Bindungsförderung und Stressreduktion ist
- bessere Regeneration nach Belastung
- Verbesserung der Körperwahrnehmung

Sollten Sie das Gefühl haben, dass Ihr Hund Schmerzen hat, lassen Sie deren Ursache bitte unbedingt von einem versierten Tierarzt abklären und verzichten Sie bis dahin auf die Massage. Sie erkennen Schmerzen beim Hund zum Beispiel daran, dass sich etwas in seinem Verhalten verändert, er Dinge nicht mehr tut, die er sonst gerne getan hat, er bestimmte Körperteile vermehrt benagt, wenn er gereizter reagiert, schlechter zur Ruhe kommt, vermehrt hechelt oder Berührungen ausweicht. Schmerzen werden subjektiv wahrgenommen und können daher eine vielfältige Symptomatik aufweisen.

Weitere Kontraindikationen einer Massage sind zum Beispiel:
- offene Hautstellen/ Wunden
- Tumore (Gefahr der Metastasierung)
- Entzündungen
- Infektionserkrankungen und Fieber
- Trächtigkeit (Bauch und Lendenwirbelsäule nicht massieren! Gefahr eines Aborts!)

Am besten starten Sie die Massage zuhause in einer ruhigen Stimmung. Bitte massieren Sie Ihren Hund nicht in seinem Körbchen oder auf seiner Decke, die er immer zur Verfügung hat. Dieser Bereich soll als sicherer Rückzugsort für den Hund dienen, an dem er seine Ruhe hat. Und bevor Sie mit der Massage beginnen, beachten Sie bitte folgende Grundregeln:
- Massieren Sie immer so, dass es für den Hund angenehm ist – nicht zu fest und auch nicht zu sanft.
- Achten Sie auf eine ruhige, gleichmäßige und rhythmische Ausführung der Massagegriffe.

- Massieren Sie Ihren Hund bitte nur dann, wenn Sie die Ruhe dazu haben und wenn er das auch möchte.
- Halten Sie immer mit einer Hand Kontakt zu Ihrem Hund, so entfällt der Schreckreiz bei einer erneuten Berührung.
- Massieren Sie bitte nie über knöcherne Strukturen. Das kann äußerst unangenehm, ja sogar schmerzhaft für den Hund sein.
- Wenn Ihr Hund aus der Situation rausgehen möchte, dann lassen Sie ihn gehen.
- Massieren Sie Ihren Hund nicht, wenn er einen vollen Magen hat.
- Beginnen Sie mit Stellen und Strukturen, die Ihr Hund besonders mag und/ oder die nicht verspannt sind.
- Geben Sie Ihrem Hund nach der Massage die Möglichkeit, sich zu lösen.

Starten Sie zu Beginn mit kurzen Einheiten und erhöhen Sie die Massagedauer in kleinen Schritten. Sie werden feststellen, dass sich Ihr Hund immer mehr auf die Massage einlassen kann und dass Sie von Mal zu Mal geübter in der Anwendung werden. Das Schönste wird vermutlich sein, dass Sie richtig viel Freude an dieser Art von Qualitätszeit zwischen Ihnen und Ihrem Hund erleben werden. Nutzen Sie die Massage als kleine Auszeit für sich selbst, üben Sie sich im achtsamen Berühren Ihres Hundes. Versuchen Sie bequem und entspannt zu sitzen, so dass Sie gut an ihn herankommen. Wenn Sie es zusätzlich noch schaffen, Ihre Schultern, Arme und Hände während der Massage locker zu lassen und nicht zu verkrampfen, danken Ihnen das Ihre Handgelenke und Ihr Nacken besonders. Atmen Sie ruhig und tief während der Massage. So können Sie auch viel besser wahrnehmen, wie Ihr Hund auf Ihre Berührungen reagiert und ihm helfen, noch tiefer zu entspannen.

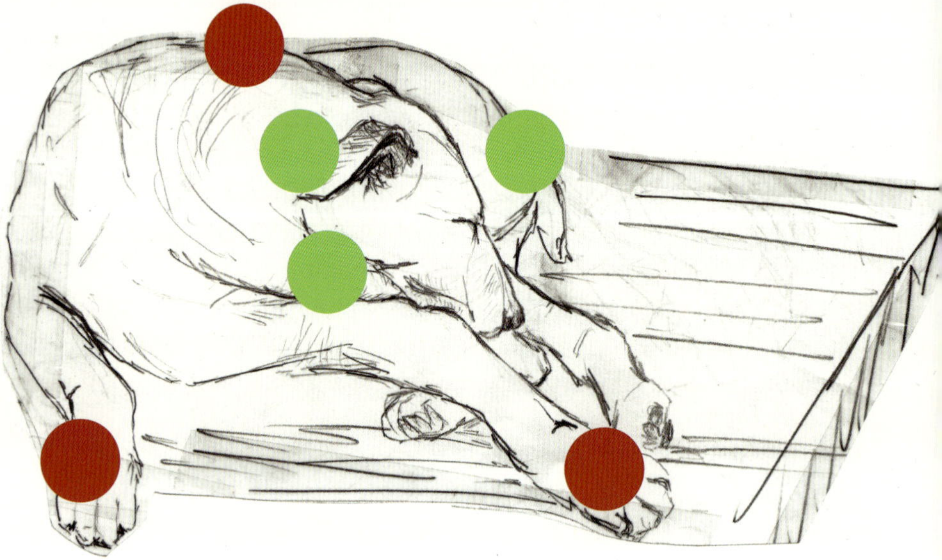

DER BUNTE HUND

von Esther Follmann

„Der bunte Hund“ ist eine schöne Übung, um herauszufinden, welche Wirkung unsere Berührungen auf den Hund haben und sie trainiert uns, diese auch bewusst wahrzunehmen. Außerdem gibt diese Übung auch Informationen darüber, welche Stellen für den Hund angenehm sind bzw. an welchen Stellen er sich eher nicht so gerne anfassen lässt. Spontan gefragt weiß nahezu jeder Halter, an welchen Bereichen des Körpers sein Hund sich gerne und wo er sich nicht so gerne anfassen lässt. Beim näheren Betrachten stellt man jedoch fest, dass die aktuelle Allgemeinsituation, das Umfeld und die Tagesform des Tieres angenehme Stellen empfindsamer machen und dass sich die Akzeptanz für Berührungen immer wieder verändert. Dies achtsam wahrzunehmen und zu dokumentieren ist eine gute Vorbereitung, um den Hund auch auf einem waldsamen Ausflug durch Berührungen an den richtigen Stellen zu entspannen.

Los geht's: Ihr Hund ist zu Hause entspannt und befindet sich in Kuschellaune. Nehmen Sie sich etwas Zeit, um eine Skizze von ihm von vorne, von hinten, oben, von unten, von der rechten und von der linken Seite zu erstellen. Wenn Sie so gar nicht zeichnen können, laden Sie sich einfach ein paar entsprechende Skizzen aus dem Internet herunter und drucken Sie diese aus. Ein paar Buntstifte sollten auch bereitliegen.

Dann überlegen Sie zunächst kurz, ohne Ihren Hund zu berühren, an welchen Stellen ihm das angenehm sein könnte. Diese Stellen zeichnen Sie mit hellgrüner Farbe in die Skizze ein. Mit dunkelgrüner Farbe schraffieren Sie die Bereiche, die Ihr Hund genießt UND dabei auch entspannt. Mit roter Farbe markieren Sie die Körperstellen, an denen Ihr Hund nicht gerne berührt wird. Bereiche, bei denen Sie sich nicht sicher sind, lassen Sie weiß. Nun erforschen Sie diese Bereiche vorsichtig streichelnd und notieren Sie die Beobachtungen in Ihrer Skizze. Lagen Sie mit Ihren Vermutungen auch richtig? Haben sich Bereiche vielleicht in der letzten Zeit verändert? All das dokumentieren Sie in der Skizze.

Während Sie den Körper Ihres Hundes achtsam erkunden, achten Sie auf Stress- und Konfliktsignale und auf kleinste Veränderungen. Versuchen Sie wirklich mit allen Sinnen zu fühlen und zu spüren, wie sich Ihr Hund anfühlt. Beobachten Sie seine Mimik und seine Körperoberfläche genau, um Anspannung zu erkennen.

Dieses genaue Beobachten ist bereits eine wunderbare Achtsamkeitsübung für uns Menschen und gleichzeitig gibt sie uns Informationen darüber, an welchen Stellen wir unseren Hund bei einer waldsamen Pause in der Entspannung noch unterstützen können.

Übungen im Vorfeld …

… für leicht erregbare Hunde und nervöse Jagdnasen

Wie schon erwähnt, kann man nicht mit jedem Hund gleich ein entspanntes und entspannendes Waldbaden genießen. Deshalb ist bei manchen eine weitere Vorarbeit nötig. Bei dem Gedanken daran werden Sie eventuell die Hände über dem Kopf zusammenschlagen. Waldbaden und Waldsamkeit hat doch eben nichts mit Arbeit zu tun! Gerade beim Waldbaden sollen wir doch loslassen! Ja, aber dennoch haben wir auch beim Waldbaden die Verantwortung für unseren Hund und das bedeutet nicht nur, dass ihm nichts passiert, sondern auch dass wir uns um seine Bedürfnisse kümmern und dass es ihm gut gehen soll. Wenn Ihr Hund keine gesteigerte Unruhe in sich trägt und ein ausgeglichenes Wesen hat, können Sie dieses Kapitel entweder nur aus Interesse lesen – oder auch einfach überspringen.

Haben Sie allerdings einen etwas aufgeregten, hibbeligen oder stark jagdlich motivierten Hund, sollten Sie der Vorbereitung etwas mehr Zeit einräumen, bevor Sie mit ihm in den Wald gehen. Das hat viele Gründe, manche betreffen Ihren Hund, manche auch Sie, denn wenn der Hund an der Leine zerrt, fiept oder bellt, drückt das unsere Knöpfe. Aber was steckt wirklich dahinter, dass einen dieses Verhalten so stört? Sind es die Töne, die der Hund von sich gibt? Oder fühlen wir uns hilflos? Macht unser Kopf es uns wieder schwer, weil wir in dem Moment denken, dass wir dem Hund nicht gerecht werden und schlechte Halter sind? Oder haben wir

Angst, dass sich Freunde, Nachbarn und Verwandte mal wieder über unsere Erziehungsmethoden lustig machen, geschweige denn uns Tipps geben, die wir nicht hören wollen?

Manchmal steht das, was uns aufregt, aber noch für so viel mehr. Es spiegelt uns selbst – und in diesen Fällen spiegelt es Seiten von uns, auf die wir nicht stolz sind und die wir versuchen zu verbergen. Sind wir selbst manchmal hibbelig, zu ungeduldig, schnell gereizt und dann ungerecht zu anderen? Wenn wir unsere Trigger erkennen, können wir besser mit ihnen umgehen und auch an ihnen arbeiten. Also fragen Sie sich, wenn Sie etwas aufregt: Was steckt gerade wirklich dahinter? Geht es wirklich nur um den Hund? Oder geht es teilweise auch um mich selbst? Mit kühlem Kopf und analytischem Verstand können Sie besser überlegen, wie sich die Situation verändern lässt. Und wenn sie sich gerade nicht verändern lässt, lohnt es sich nicht, viel Energie zu investieren.

Ich möchte Ihnen ein paar Tools an die Hand geben, die helfen können, einen „Hibbelhund" zu innerer Ausgeglichenheit zu bringen. Aber bitte bedenken Sie, dass nur kontinuierliches Üben und/ oder Umstellen von Gewohnheiten den gewünschten Erfolg bringen werden. Eine schnelle Lösung à la „Machen Sie mal dieses und jenes, dann hört das gleich auf", gibt es nicht.

Konditionierte Entspannung

Lerngesetze sind allgegenwärtig, bei Menschen und Hunden. Die klassische Konditionierung findet unaufhörlich statt und so werden Geräusche, Objekte oder Gerüche schnell mit Emotionen verknüpft. Und auch wenn wir Hundehalter das vielleicht gar nicht so gut finden, Lernen findet immer statt! Und

leider nicht nur, wenn wir bewusst mit dem Hund trainieren, sondern vor allem in unserem Alltag, so ganz nebenbei. Schnell lernt ein junger Hund, dass etwas Aufregendes passiert, wenn es an der Tür klingelt (zum Beispiel Besuch kommt) und noch schneller wird er bereits nach wenigen Wiederholungen schon in Erregung geraten, wenn er nur das Geräusch der Klingel hört. Es entsteht eine konditionierte Erregung.

So etablieren sich unerwünschte Verhaltensweisen, die uns oft gar nicht bewusst sind. Aber Lerngesetze haben auch etwas Gutes: Wir können uns die Regeln der klassischen Konditionierung auch aktiv zu Nutze machen, wenn es um das Thema

Entspannung geht! Wie das funktioniert und wie wir Entspannung wie mit einer Art „mobilem Akku" mit auf unsere Ausflüge nehmen können, erfahren Sie auf den nächsten Seiten.

Damit auch wir bei unseren waldsamen Ausflügen möglichst gut entspannen können, brauchen wir einen Hund, der dies ebenfalls kann. Der sich, wenn wir ein schönes Plätzchen gefunden haben, ablegen kann, ohne dabei in Aufregung oder gespannte Erwartungshaltung zu verfallen. Durch konditionierte Entspannungsutensilien können wir unseren Hunden helfen, schneller in diesen ruhigen, angenehmen Zustand zu finden, indem wir bestimmte Reize (zum Beispiel Objekte oder Gerüche) mit Entspannung verknüpfen und diese dann auf unsere Waldbadeeinheiten einfach mitnehmen. ABER ...! Selbstverständlich sind Hunde keine beliebig konditionierbare Biolebendmasse. Deshalb sehen Sie die hier genannten Maßnahmen bitte nicht als Wundermittel, die dazu führen, dass der Hund wie auf Knopfdruck umfällt und schläft, denn so funktionieren sie nicht. Aber sie helfen wunderbar, um dem Hund die Übergänge von Erregung zu Entspannung zu erleichtern.

Sind alle Bedürfnisse des Hundes erfüllt und fühlt er sich in der jeweiligen Umgebung wohl, wird auch ein hibbeliger Hund mit diesen kleinen Hilfsmitteln schnell und gerne entspannen. Ist der Hund aber „drüber", weil er durch Wildspuren, Ängste oder was auch immer gestresst ist, hilft auch eine Entspannungsdecke oder ein konditionierter Wohlfühlduft nicht. Und alle unten genannten Helferlein müssen selbstverständlich immer wieder in entspannten Situationen aufgeladen werden.

Die Entspannungsdecke

Die Entspannungsdecke ist mehr als nur eine gemütliche Decke, sie ist vielmehr ein Zeichen oder Signal für den Hund, dass er an diesem Ort entspannen kann. Vielen Hunden macht es überhaupt nichts aus, auf dem Boden zu liegen und dennoch hilft eine Entspannungsdecke mit entsprechender Vorarbeit dem Hund, schnell zur Ruhe zu kommen, weil die Decke dem Hund zuverlässig als Dauersignal sagt: „Hier bleiben wir nun eine Weile, du hast keine Aufgabe, du kannst abschalten und dich entspannen." Gleichzeitig verbindet der Hund mit entsprechender Vorarbeit die Decke mit Entspannung.

Bei der Wahl einer geeigneten Decke überlegen Sie kurz, welche Vorlieben Ihr Hund hat. Mag er es gerne weich, warm und kuschelig oder reicht ihm wegen seines ohnehin dicken Fells ein dünnes Handtuch? Bedenken Sie auch, dass die Decke oder Matte nicht zu groß und schwer sein sollte, denn Sie sollte ja in Ihren Waldrucksack passen. Außerdem ist es vorteilhaft, wenn die Decke eine wasserabweisende Unterseite hat,

denn gerade im Wald ist es häufig sehr feucht. Je glatter die Oberfläche, desto weniger Waldboden, Kletten und Nadeln sammeln sich auf und später in der Decke. Um es dem Hund leicht zu machen, wählen Sie eine Farbe, die er gut sehen kann und die sich auch im Wald gut vom Untergrund abhebt. Hunde haben eine Rot-Grün-Schwäche und so sollte die Wahl auf eine blaue oder helle Decke fallen. Aus der Farbtherapie weiß man, dass Farben den Gemütszustand von Hunden beeinflussen können. Vermeiden Sie also rote Farbtöne, da sie eher anregend wirken. Ist die geeignete Entspannungsdecke für das Waldbaden gefunden, können Sie mit dem Aufbau beginnen.

Ihr Hund kommt von einem schönen Spaziergang zurück und hat jetzt den Wunsch sich hinzulegen und sich entspannt auszuruhen. Nun holen Sie die Entspannungsdecke, legen sie dorthin, wo der Hund auch sonst gerne liegt und laden ihn freundlich (und ohne aufgebautes Signal wie „Platz"!) ein, sich dort niederzulassen. Sie können sich auch gern mit einem Sitzkissen daneben setzen, aber bedrängen Sie ihn nicht mit Streicheleinheiten, oder indem Sie beständig mit ihm reden. Lassen Sie ihn sich einfach ausruhen. Da Ihr Hund sowieso müde und zufrieden ist, wird er sich sicher gerne zu Ihnen auf oder neben seine Decke legen.

Nochmals, weil sehr wichtig: Bitte geben Sie KEIN Signal, damit Ihr Hund sich hinlegt! Auch dann nicht, wenn er sich auf ein

Wortsignal zuverlässig hinlegen würde. Es geht hier nicht um Grundgehorsam. Es geht darum, dem Hund unter der Prämisse der absoluten FREIWILLIGKEIT eine Decke anzubieten, die er damit verknüpft, sich in Ruhe zu entspannen. Genau deswegen laden Sie ihn lediglich ein und warten dann ab, bis er sich von selbst auf der Decke niederlässt. Wenn sich Ihr Hund hinlegt, dürfen Sie ihn gerne RUHIG mit sanfter Stimme loben. Vermeiden Sie bitte eine hohe Stimme, denn die wird Ihren Hund eher wieder aktivieren. Geben Sie ihm bitte auch KEIN Leckerchen, denn das macht die meisten Hunde doch wieder sehr aufgeregt und schafft eine Erwartungshaltung, die wir bei der Entspannungsdecke nicht brauchen können. Gerne dürfen Sie Ihren Hund ruhig streicheln, das ist aber nicht zwangsläufig nötig. Steht der Hund nach seiner Entspannungspause auf, nehmen Sie die Decke wieder weg.

Anfangs halten Sie die Einheiten kurz und versuchen, immer nur so lange die Übung zu machen, wie der Hund auch wirklich entspannt ist. Sobald er also aufsteht, räumen Sie diese „Waldentspannungsdecke" weg, damit sie nicht im Alltag irgendwo herumliegt. Schritt für Schritt steigern Sie die Zeit langsam bis hin zu 20 bis 30 Minuten. Achten Sie darauf, dass in dieser Zeit auch sonst nicht viel im Haus passiert. Versuchen Sie gleichzeitig, sich auch ein wenig zu entspannen, zum Beispiel indem Sie lesen oder einen Podcast hören.

Wenn Sie das Gefühl haben, dass Ihr Hund den Anblick der Decke mit einem entspannten Nickerchen verknüpft hat, nehmen Sie sie mit in den Wald. Wenn Sie dann nach einem ersten Spaziergang an einem geeigneten Ort bleiben möchten, breiten Sie die Decke aus. Das wird für den Hund das Zeichen dafür sein, dass Sie beide nun eine Weile hier bleiben und ausruhen.

Der Entspannungsduft

Dass uns Düfte schnell emotional berühren können, haben Sie sicherlich schon oft selbst erlebt. Weckt der Duft von Sonnencreme bei Ihnen vielleicht sofort sonnige Erinnerungen an den letzten Strandurlaub?

Wenn Sie ab und an zur Massage gehen und sich dort gut entspannen können, dann wird bereits nach wenigen Malen allein der Duft des Massageöls reichen, dass Sie sich wohl fühlen. Die Wahrnehmung von Gerüchen ist ganz eng mit unserem emotionalen Zentrum verknüpft. Der Informationsweg der Sinneszellen führt direkt ins limbische System und aktiviert dort Gefühle. Je nachdem, was uns in die Nase kommt, fühlen wir Freude, Angst oder Ekel. Ohne dass wir es in irgendeiner Weise beeinflussen können, gelangt der Geruch in unser Bewusstsein und auch ins Unterbewusste.

Um den Hund bei der Entspannung zu unterstützen, kann man hervorragend einen Geruch etablieren und diesen mit Entspannung verknüpfen, denn Studien haben herausgefunden, dass nicht nur Menschen, sondern auch Hunde auf bestimmte ätherische Öle – verdünnt, in geringer Konzentration – mit Erregung bzw. Entspannung reagieren, auch wenn vorher kein Konditionierungseffekt stattgefunden hat. Dies sollten Sie nutzen und für das Entspannungstraining Öle wie Kamille, Zitrone, Lavendel oder Jasmin wählen, die den Hund nachweislich beruhigen. Der Geruch, den Sie verwenden, sollte in Ihrem Alltag bis jetzt nicht übermäßig vorkommen. Wenn Sie den Schlafzimmerschrank mit Lavendelsäckchen ausgelegt haben oder Sie zur Weihnachtszeit viel mit Zitronenbackaroma arbeiten, wählen Sie bitte einen anderen Duft.

Zuerst verdünnen Sie das gewählte ätherische Öl mit einem neutralen Trägeröl wie Sonnenblumen- oder Mandelöl, etwa im Verhältnis 1:10. Dann lassen Sie Ihren Hund einmal probeschnuppern. Ist er an dem Geruch interessiert, können Sie damit weiterarbeiten. Dreht er sich gleich ab oder niest

sogar angewidert, sollten Sie natürlich einen anderen Geruch aussuchen. Dann warten Sie eine Situation ab, in der Ihr Hund innerhalb des Tagesablaufs sowieso gerne ruht, zum Beispiel nach dem Spaziergang oder abends vor dem eigentlichen „zu Bett gehen". In der Wohnung sollte es zu dieser Zeit auch ruhig sein, keiner sollte aufgeregt herumwuseln, laut sein oder den Haushalt erledigen. Die Menschen sollten sich idealerweise stationär an einer Stelle aufhalten und Ihr Hund sollte gemütlich liegen. Sie können sich gerne neben Ihren Hund setzen – dies mit einer möglichst freundlichen Körpersprache, ohne überschwänglich zu wirken – und dann platzieren Sie den Geruch auf einem kleinen Tuch neben ihm. Vielleicht wird Ihr Hund sogar interessiert an dem Tuch schnüffeln, das ist okay. Achten Sie nur darauf, dass er sich danach auch schnell wieder entspannen kann. Sie dürfen auch ruhig mit ihm sprechen. Wenn er es mag, dürfen Sie ihn natürlich auch an seinen Lieblingszonen streicheln, die Sie bei der Übung „Der bunte Hund" herausgefunden haben. Versuchen Sie selbst auch tief und ruhig zu atmen oder nutzen Sie diese Zeit für eine kleine Meditation.

Lassen Sie das Tuch so lange neben dem Hund liegen, bis er wirklich entspannt liegt und es auch sonst in der Wohnung ruhig ist. Bevor Sie die Entspannungszeit beenden, nehmen Sie bitte das Tuch mit dem Geruch weg und packen es in einen Druckverschlussbeutel oder besser, weil plastikfrei, in ein Schraubglas. Damit ist der Geruch wieder luftdicht eingeschlossen.

Sie können diese Entspannungseinheit auch mit einer Massage des Hundes verbinden oder ein gutes Buch dabei lesen, wichtig ist nur, dass der Hund Geruch und Entspannung miteinander wahrnimmt. Es braucht ein paar Einheiten über mehrere Tage, aber dann ist der Geruch, vorausgesetzt Sie verknüpfen ihn weiterhin mit entspannten Situationen via klassischer Konditionierung, bereits einsatzfähig.

Entspannungsgeräusche und Relaxopet

Nicht nur Gerüche können Hunden helfen, schneller in den Entspannungsmodus zu kommen, auch Geräusche können gut dazu beitragen. In Studien wurde herausgefunden, dass klassische Musik Säugetiere, und somit auch Hunde, beruhigt. Aber auch alle anderen Geräusche, die zufällig immer auftauchen, wenn der Hund entspannt ist, können schnell dazu führen, dass er müde wird und alle Viere von sich streckt. Viele Hunde, deren Menschen abends fernsehen, verknüpfen das Geräusch des Fernsehers – wenn nicht zu viel aufregende Sendungen geschaut werden – schnell mit Entspannung. Aber weil man zum Waldbaden nicht unbedingt einen Fernseher mit in den Wald nehmen möchte und auch jede Art von waldfremden Geräuschen das Waldidyll nur trüben würde, gibt es eine praktische Lösung: den Relaxopet. Ein kleiner Lautsprecher, der sowohl für uns Menschen hörbare Töne (eine Art Entspannungsmusik) abgibt als auch Geräusche, die wir Menschen nicht wahrnehmen können. Man kann ihn prima mitnehmen, da er mit einem Akku ausgestattet ist, und ihn wunderbar für gemeinsame Entspannungseinheiten nutzen.

Der Hersteller verspricht zusätzlich, dass diese Klangwellen auf das Hundegehirn wirken und dort die Stressreaktion dämpfen. Um auf Nummer sicher zu gehen, dass der Relaxopet auch Wirkung zeigt, macht es aber Sinn, sich auch hier einer Konditionierung zu bedienen. Der Hund bekommt also in einer sowieso schon entspannten Situation die Geräusche des Lautsprechers präsentiert. Zusätzlich kann die Bezugsperson den Hund auch streicheln oder massieren, wenn er das gerne hat, um den Effekt der Entspannung noch zu vergrößern. Dies darf auch über einen längeren Zeitraum geschehen. Bevor der Hund wieder aktiv wird, schalten Sie den Lautsprecher wieder aus. Diese Konditionierung sollte mehrere Tage in kurzen Einheiten wiederholt werden, bevor Sie den Relaxopet auch in aufregenderen Situationen als Entspannungshilfe einsetzen.

Thundershirt und weitere Hilfsmittel

Vielen hibbeligen Hunden hilft es in aufregenden Situationen, wenn sie ihre Körperoberfläche an etwas reiben können oder sich wälzen dürfen. Das hat einen simplen Effekt: Ist die Erregung hoch, wirkt die Stimulation der Körperoberfläche entspannend, das Bindungs- und Kuschelhormon Oxytocin wird dabei ausgeschüttet. Dies reguliert die Stresshormone und führt dazu, dass der Hund sich wohler fühlt.

Vielen leicht erregbaren Hunden hilft das sogenannte Thundershirt – ein leichtes, aber recht eng anliegendes Hundemäntelchen, das sich mit Klettverschlüssen anpassen lässt –, in aufregenden Situationen zu entspannen. Es wirkt ebenfalls über die Ausschüttung von Oxytocin und wurde eigentlich zur Unterstützung bei Gewitterangst entwickelt. Testen Sie bitte, bevor Sie es das erste Mal Ihrem Hund anziehen, ob dieser

ängstlich auf das Geräusch der Klettverschlüsse reagiert und beobachten Sie ihn beim Tragen, ob es ihm wirklich angenehm ist. Wenn nicht, ziehen Sie es sofort wieder aus.

Auch Körperbänder, wie man sie vom Tellington-TTouch kennt, haben einen ähnlichen Effekt und verbessern zusätzlich die Wahrnehmung des Körpers. Lassen Sie sich von einem TTEAM-Practitioner zeigen, wie man sie passend für Ihren Hund anlegt. Das Thundershirt, genauso wie Körperbänder, kann man ebenfalls wunderbar als Unterstützung beim Waldbaden einsetzen, allerdings nur, wenn es draußen nicht zu heiß ist.

Hinlegen im Wald

Wie erwähnt fällt es nicht allen Hunden leicht, sich an fremden Orten zu entspannen, schon gar nicht im Wald, der mit so viel Spaß, Erregung, Bewegungsfreude und vielleicht sogar dem ein oder anderen Jagdausflug verknüpft ist. Gerade wenn Ihr Hund Schwierigkeiten hat zu entspannen, helfen die vorher aufgeführten Maßnahmen, um die Übergänge von Erregung zu Entspannung besser zu meistern. Keinesfalls sollten Sie aber das gesamte Programm auffahren und Entspannungsdecke, Duft, Relaxopet und Thundershirt kombinieren. Wählen Sie die Hilfsmittel mit Bedacht, zu viel des Guten bewirkt bekanntlich das Gegenteil.

Wenn Sie selbst ebenfalls zur Ruhe kommen, wird es Ihrem Hund auch leichter fallen, ganz im Wald anzukommen. Lassen Sie Ihren Hund angeleint und befestigen Sie die Leine möglichst weit oben an einem Baum, so dass sie noch locker durchhängt, aber der Hund, falls er aufsteht und sich dreht, nicht gleich verwickelt ist. Die Leine soll den Hund ausdrücklich nicht zur Ruhe zwingen, sondern dient nur zur Absicherung, sollte Wild im Wald unterwegs sein. Schließen Sie Ihre Leckerchentasche. Geben Sie, ähnlich wie beim Aufbau der Entspannungsdecke beschrieben, kein Signal für das Hinlegen, sondern lassen Sie Ihrem Hund die Wahl, welche Position für ihn im Moment am angenehmsten ist. Er kann stehen, sitzen oder liegen, ganz wie er will. Strahlen Sie selbst Ruhe und Gelassenheit aus. Manchmal dauert es einfach ein wenig, bis der Hund wirklich zu Ruhe kommt und eine bequeme Position findet. Auch wenn er wieder aufsteht, sollten Sie gelassen bleiben und nicht versuchen, ihn über das „Platz"-Kommando in die Ruhe zu zwingen, denn das bewirkt eher das Gegenteil!

Wenn Sie bemerken, dass Ihr Hund zwar liegt, aber nicht wirklich entspannt, sondern eher abwartend schaut, wann nun endlich wieder etwas passiert, halten Sie die Pause kurz und gehen Sie bald wieder weiter, um den Hund nicht zu überfordern oder zu frustrieren. Denn auch für ihn ist das Waldbaden neu. Schritt für Schritt mit etwas Übung wird Ihr Hund ganz sicher auch bald zum Waldbadgenießer. Sollte Ihr Hund sich aufregen, fiepen oder zappeln, versuchen Sie ruhig durchzuatmen und beenden Sie die Pause gleich. Damit es beim nächsten Mal besser klappt, überlegen Sie, woran es lag. Eventuell war er nicht ausgelastet genug oder Sie haben einen Platz gewählt, der stark nach Wild roch? Verändern Sie diese Stressoren und Frustbaustellen, dann klappt es sicher bald besser.

Inselspaziergang und Entspannungsorte

Sollte Ihr Hund draußen jagdlich motiviert oder grundsätzlich sehr erregt sein, macht es Sinn, dass Sie Ihre Spaziergänge strukturieren. Es ist zum Beispiel von Vorteil, wenn Sie auf Ihren bekannten Gassirunden an bestimmten Stellen sogenannte Beschäftigungsinseln etablieren, also Stellen auf dem Spaziergang, an denen Sie Ihren Hund regelmäßig beschäftigen. Dies schafft eine Erwartungshaltung und Vorfreude auf den Ort und der Hund kommt zwischen zwei „Inseln" nicht so schnell auf dumme Gedanken. Für viele Hunde ist dies eine gute Hilfe.

Aber nicht nur Beschäftigungsinseln strukturieren den Spaziergang. Sie können auf den bekannten Gassiwegen auch Entspannungsorte aufbauen. Dabei tun Sie im Grunde nichts anderes als manche Hundehalter, die immer bis zu einer bestimmten Stelle, zum Beispiel einer Bank, gehen und dort zusammen mit dem Hund ausruhen und kuscheln. Der Hund weiß schon beim Losgehen, wo diese Punkte sind und steuert sie in Erwartung einer Entspannungseinheit freudig an.

Wenn der Hund es zu Beginn noch nicht schafft, sich ohne Hilfe zu entspannen oder sogar frustriert ist, wenn Sie einfach nur stehen bleiben, dann können Sie zunächst als ersten Schritt eine stationäre Futtersuche auslegen, die er in aller Ruhe absuchen darf. Animieren Sie ihn deshalb auch nicht mit aufmunternder Stimme, sondern halten Sie sich zurück und lassen Sie ihn einfach machen. Nach ein paar Wiederholungen machen Sie nach der Futtersuche einige Minuten länger Pause und setzen sich hin oder bleiben ruhig stehen. Zusammen mit all den anderen Maßnahmen wird sich Ihr Hund schnell darauf einstellen, dass Spaziergänge nicht mehr nur aus dem Ablaufen bestimmter Strecken bestehen, sondern viel mehr für ihn bereit halten – unter anderem genug Zeit, in Ruhe zu schnüffeln und zu beobachten, was Hunde tatsächlich sehr gerne tun. ☺ Wenn der Hund es gewöhnt ist, dass sich während des Spaziergangs nicht immer nur bewegt wird, wird es ihm auch beim Waldbaden viel leichter fallen zu entspannen.

Achte auf deine
Gedanken ...

… denn sie werden zu deinen Taten

Die Kraft der Gedanken: It's all in your mind

Wir haben an unsere Hunde viele Erwartungen darüber, was sie zu tun oder zu lassen haben. Eine Vielzahl der Ideen, was einem Hund erlaubt bzw. verboten ist, besteht aus tradierten, pauschalisierten Aussagen, die weder Ihrem Hund nützen noch die Bindung zu ihm verbessern. Leider noch viel zu oft hört man Glaubenssätze wie die, dass ein Hund nicht auf das Sofa, nur nach dem Menschen essen oder niemals zuerst durch eine Tür gehen dürfe. Denn mit all dem – und vielem mehr! – würde er seine Dominanz beweisen und schnell auch sonst nicht mehr das tun, was der Mensch möchte. Viele dieser Behauptungen lesen sich, als wolle der Hund die Weltherrschaft an sich reißen und den Menschen unterdrücken, was natürlich Unsinn ist. Hunde haben kein Interesse daran, Menschen zu dominieren, auch nicht vom Sofa aus.

Ich kann verstehen, wenn Sie Ihren Hund einfach nicht auf einem neuen, hellen Sofa haben möchten. Hat er ein weiches, gemütliches Körbchen und kann er trotzdem in Ihrer Nähe liegen, vielleicht sogar mit Körperkontakt, wenn er das möchte, dann ist das auch kein Problem – aber es hat eben rein gar nichts mit irgendeinem vermeintlichen Rangstatus

zu tun. Es gibt eine Vielzahl an Regeln und Maßnahmen zur Hundeerziehung, die sehr veraltet, nicht beziehungsfördernd und in manchen Fällen sogar tierschutzrelevant und gefährlich sind, zum Beispiel, wenn sie Aggressionen fördern. Deshalb sollten Sie bei jedem guten Ratschlag oder Erziehungstipp immer einmal kurz auf Ihr Bauchgefühl achten. Wie fühlt es sich für Sie an, wenn Sie hören, Sie sollten mit Ihrem Hund dieses oder jenes tun, damit er dieses oder jenes nicht tut? Würden Sie als Hund gern so behandelt werden? Hätten Sie das Gefühl, man würde fair und freundlich mit Ihnen umgehen und Sie könnten Ihrem Gegenüber trauen? Falls die Antwort „Nein" ist, beherzigen Sie diese Ratschläge einfach nicht. In der Regel sind sie nur Meinungen anderer, die Sie nicht zu Ihrer Meinung machen müssen!

Solange es für Sie in Ordnung ist, Ihr Hund niemanden stört und seine Bedürfnisse nicht außer Acht gelassen werden, dürfen Sie die Regeln im Zusammenleben mit Ihrem Hund ganz nach Ihrem Gusto gestalten. Wenn Sie es nicht stört, darf Ihr Hund auch gerne auf dem Esstisch schlafen. Und wenn Ihr Hund Verhaltensweisen zeigt, die andere für unsinnig halten, aber die niemanden gefährden, in der Freiheit einschränken oder verängstigen, dann setzen Sie sich über die Meinung anderer hinweg. Einfach so, denn es ist Ihr Leben und das Ihres Hundes.

Wenn es Regeln für Sie und Ihren Hund gibt, die sich anstrengend für Sie anfühlen, überdenken Sie diese genau. Brauchen Sie diese Regeln wirklich? Welchen Zweck erfüllen sie? Oder ist es vielleicht besser und entspannter, einfach mal „alle Fünfe grade sein zu lassen“?!

Die Gedanken über Ihren Hund neu ausrichten

Wenn Ihr Hund in bestimmten Situationen aufgeregt ist, dann bekommt er schnell den Stempel aufgedrückt, „der ist halt oft nervös“. Sofort fallen einem andere Situationen ein, in denen er ebenfalls besonders aufgeregt ist. Das Kopfkino startet mit Horrorszenarien und schon hat der Hund so gar keine Chance mehr, sich anders zu verhalten, weil man selbst so aufgeregt ist. Es ist wie ein Ping-Pong-Spiel, bei dem man die berühmte Frage nach dem Huhn und dem Ei stellen könnte: Was oder wer war zuerst da? In diesem Fall: Ihre Aufregung oder seine?

Eine negative Grundhaltung beeinflusst die Wahrnehmung unserer Umwelt und somit auch unsere Lebensqualität. Und unsere Hunde saugen unsere negative Stimmung auf, reagieren selbst mit Aufregung und lassen ihren Stress dann nicht zuletzt in unerwünschtem Jagd- oder Aggressionsverhalten ab.

Es ist nicht schlimm, auch mal negativ zu denken, allerdings ist es wichtig, dass wir uns dieser Gedanken bewusst sind. Kommen sie immer und immer wieder, sollten wir sie als Hinweis dafür nehmen, dass wir vielleicht an diesen Stellen Heilung oder Unterstützung brauchen. Wenn Sie ein negatives Gedankenmuster über sich (zum Beispiel: „Ich kann diesem Hund nicht gerecht werden.") oder Ihren Hund („Der wird das nie lernen ...") entdecken, versuchen Sie sich selbst die Frage zu stellen: „Wie wahr ist dieser Gedanke wirklich? Ist das ein negatives Urteil, das ich vorschnell gefällt habe?" Indem Sie Ihr Kopfkino wohlwollend betrachten, schaffen Sie Distanz zu Ihren alten Denkmustern und werden milder mit sich selbst und Ihrem Hund.

Versuchen Sie Ihre negativen Gedanken aber nicht zu unterdrücken, sondern nehmen Sie sie an und überlegen Sie kurz, wofür sie stehen. Machen Sie sich gleichzeitig Gedanken darüber, was gut läuft und wofür Sie dankbar sind im Zusammenleben mit Ihrem Hund. Das müssen keine großartigen Dinge sein, manchmal sind es auch die kleinen Momente, die ein tiefes Gefühl der Dankbarkeit auslösen wie ein Spaziergang

mit Ihrem Hund in der Sonne, ein gelungener Rückruf, der wunderbare Duft von Harz im Wald oder das gemeinsame Kuscheln auf dem Sofa.

Dass unsere Hunde Bedürfnisse haben, manche Hunde auch speziellere, ist bekannt. Je besser Sie über die Bedürfnisse Ihres Hundes Bescheid wissen und versuchen, diese aufzugreifen und zu erfüllen, desto schneller und effektiver funktionieren Training und Verhaltensänderung. Es macht unbedingt Sinn, eine Bedürfnisliste für Ihren Vierbeiner zu erstellen und sich dabei zu überlegen, was er gerne tun würde, wenn er es selbst entscheiden könnte. Mit dem Abgleich seines tatsächlichen Lebens können Sie sehr schnell Frustbaustellen ausfindig machen und – wo immer möglich – abbauen. Zusätzlich können Sie Belohnungen viel effektiver gestalten, denn Sie wissen, wann Ihr Hund was am liebsten tun würde.

Dasselbe können Sie aber auch sehr effektiv für sich selbst machen. Überlegen Sie, welche Bedürfnisse Sie haben. Wo werden sie erfüllt und wo stecken Sie im Alltag zurück? Genau wie Ihrem Hund sollten Sie auch sich selbst immer wieder die Möglichkeit geben, Ihre eigenen Bedürfnisse zu erfüllen. Nehmen Sie sich bewusst alle paar Wochen eine Auszeit vom Alltag – vielleicht auch von Ihrem Hund, den Sie dann von einer anderen Bezugsperson betreuen lassen. Machen Sie das, was Sie wirklich gerne tun, denn nur wenn es Ihnen gut geht, können Sie auch gut für Ihren Hund sorgen.

Achtsamkeit im Alltag

Auch wenn man denken könnte, dass Achtsamkeit ein neues modisches Schlagwort ist, ist es vielmehr eine alte Praxis, die wir nur im Laufe der Zeit in unserem stressigen Alltag verlernt und vergessen haben. Dabei bieten regelmäßig praktizierte Achtsamkeitsübungen so viele Vorteile. Allzu oft drehen sich unsere Gedanken im Kreis und wir sind mit Autopilot unterwegs, nehmen unsere Umwelt nur in unserem Handlungsrahmen wahr und schalten unser sinnliches, bewusstes Wahrnehmen aus. Im Kopf sind wir in der Zukunft und der Vergangenheit unterwegs, aber selten im Hier und Jetzt. Und wenn wir doch mal in der Gegenwart ankommen, fangen wir sofort an zu urteilen und zu bewerten. Wenn wir uns ein klein bisschen „rauszoomen", bevor der Kopf wieder anfängt zu arbeiten, merken wir, was unsere Emotionen manchmal Komisches mit uns anstellen. Durch Achtsamkeit, das beweisen zahlreiche Studien, können wir nicht nur unsere Gesundheit verbessern, wir haben auch mehr Kontrolle über unser Leben, müssen nicht dauernd nur reagieren, sondern können auch agieren.

Der Autopilot, den wir ohne Achtsamkeit anschalten, navigiert uns in Mustern und lässt uns blind nach Anerkennung, Respekt oder materiellen Dingen streben, ohne bewusst unsere dahinterstehenden Emotionen und Bedürfnisse zu (er)kennen. Wir sind automatisch auf schnelle Befriedigung ausgerichtet und verbauen uns so den tieferen, emotionalen Weg. Wenn wir mehr Achtsamkeit in unserem Leben zulassen möchten, dann müssen wir es wie mit jeder neuen Gewohnheit machen: Wir müssen sie Schritt für Schritt etablieren, damit sie auch wirklich beständig bleibt. Das mag anfangs unangenehm, anstrengend oder ungewohnt sein. Zu Beginn der Achtsamkeitspraxis muss man sich immer wieder selbst daran erinnern, tief durchzuatmen und bewusst wahrzunehmen, was man gerade fühlt.

Aber mit jedem Mal wird es leichter und wir können so lernen, Situationen bewusster zu erfassen und darauf zu reagieren. Wir stolpern nicht von einer emotionalen Welle in die nächste. Der schöne Nebeneffekt: So sind wir auch für unseren Hund ein verlässlicher Bindungspartner und können ihn besser führen. Außerdem schulen wir damit auch unsere Empathie und reagieren nicht ungerecht auf ein Verhalten, das unser Hund zeigt. Hunde tun Dinge nicht, um uns zu ärgern … Sie reagieren aus ihrer Sicht der Dinge und es hilft unserer Beziehung zu ihnen ungemein, diese Sicht zu verstehen.

Je mehr wir die Achtsamkeit in unser Leben lassen und sich unser Gehirn dadurch neue neurologische Bahnen schafft, desto eher erkennen wir auch unsere eigenen Reaktionsmuster oder schädlichen Gedanken. Es gibt in der entsprechenden Fachliteratur viele Anregungen, Übungen und Gedankenreisen, die uns dabei helfen. Hier sind einige:

Expertentipps von Michaela Schwestka

DER BEZIEHUNGSBAUM

Das Bild des Baumes wird in der Psychologie sehr häufig als Metapher, zur Interpretation und Analyse eingesetzt, denn der Baum bietet sich als Sinnbild geradezu an, vor allem in einem Buch über Waldbaden. Zum Beispiel, um verschiedene Aspekte Ihrer Persönlichkeit oder der Ihres Hundes und Ihre Beziehung zueinander zu beleuchten. Hierzu eine einfache Übung, die Sie zu Hause oder im Wald, schriftlich, künstlerisch-kreativ oder einfach in Gedanken in ca. 15 Minuten durchführen können.

Stellen Sie sich zunächst einmal einen Baum vor. Malen Sie diesen auf ein Blatt Papier, bauen Sie ihn aus Material, das Sie im Wald gesammelt haben oder lassen Sie das Bild in Ihren Gedanken entstehen. Hier sind Ihrer Kreativität keine Grenzen gesetzt. Wie sieht der Baum aus, wie groß ist er? Hat er ein verzweigtes Wurzelwerk, einen dicken Stamm? Und wie ist die Krone beschaffen? Ist sie ausladend und dicht verzweigt oder licht und wenig belaubt? Ist es ein Nadel- oder ein Laubbaum, trägt er Blüten oder Früchte?

Über diesen Baum und sein detailliertes Aussehen könnten sich nun hoch interessante Gespräche entspinnen, denn in den verschiedensten Aspekten verbergen sich interessante Aussagen und Erkenntnisse, auf die man in einem Coaching in der Tiefe eingehen würde. Im Moment geht es jedoch nur um eine kleine Übung, die Sie selbst durchführen können, die aber nicht minder interessant sein muss.

Schauen Sie sich Ihren Baum ganz genau an, von den Wurzeln bis zur Krone, und stellen Sie sich hierbei folgende Fragen – und wenn möglich, halten Sie die Antworten schriftlich fest. Schreiben Sie sie um den Baum herum im jeweiligen Bereich (Wurzel, Stamm etc.) auf oder notieren Sie die Antworten auf einzelnen Kärtchen, die Sie um den Baum herumlegen. Hierbei können Sie zum Beispiel unterschiedliche Farben für sich und Ihren Hund nehmen oder die Begriffe für Ihren Hund auf die eine und für sich selbst auf die andere Seite des Baumes schreiben.

- **Wenn Sie an die Beziehung zwischen sich und Ihrem Hund denken, was ist deren Wurzel?** Hier könnten Sie zum Beispiel Fragen beantworten wie: „Wie haben wir zueinander gefunden?“ Vergegenwärtigen Sie sich in der Erinnerung die erste Begegnung mit Ihrem Hund, die ersten Tage und Wochen Ihres Zusammenlebens.

- „Was ist die Basis unserer Beziehung?“ Hier könnten zum Beispiel Antworten kommen wie Liebe, gegenseitiges Vertrauen, Respekt.
- „Was gibt uns Halt?“ Zum Beispiel eine gemeinsame Alltagsroutine, Hundesport, Arbeiten als Team usw.

Gehen Sie dann weiter zum Stamm und fragen Sie sich:

- „Was sind unsere Ressourcen? Was können wir richtig gut, wo liegen unsere Stärken und Talente?“ Zum Beispiel Geduld, Neugier, freundlich sein. Nehmen Sie hier alles auf, was Ihnen einfällt, dies gilt vor allem bei Ihrem Hund auch für Dinge, die aus Ihrer Sicht vielleicht eher unerwünscht sind wie zum Beispiel „das Grundstück bewachen“, oder „am Horizont eine kniende Ameise erkennen“.

Bei der Krone des Baumes fragen Sie sich:

- „Wo können wir uns noch hin entwickeln, wo dürfen wir noch wachsen?“ Jeder für sich und auch gemeinsam. Hier könnten zum Beispiel Begriffe stehen wie: „Weniger Selbstzweifel und Perfektionismus“, oder „ein Eichhörnchen ansehen, ohne auszurasten“.

Zuletzt denken Sie an Blüten und Früchte und fragen Sie sich:

- „Was haben wir schon erreicht? Was konnten wir schon ernten?“ Denken Sie dabei auch an Kleinigkeiten oder lange zurückliegende Dinge wie zum Beispiel Stubenreinheit, Alleinebleiben, Gelassenheit usw.

Betrachten Sie nun Ihren Beziehungsbaum als Ganzes und genießen Sie die Fülle dessen, was Sie und Ihren Hund verbindet. Blicken Sie wertschätzend auf den gemeinsam zurückgelegten Weg und würdigen Sie Ihrer beider Bemühungen, die Sie dorthin gebracht haben, wo Sie heute stehen. Freuen Sie sich auf das weitere Wachstum Ihres Baumes und bleiben Sie neugie-

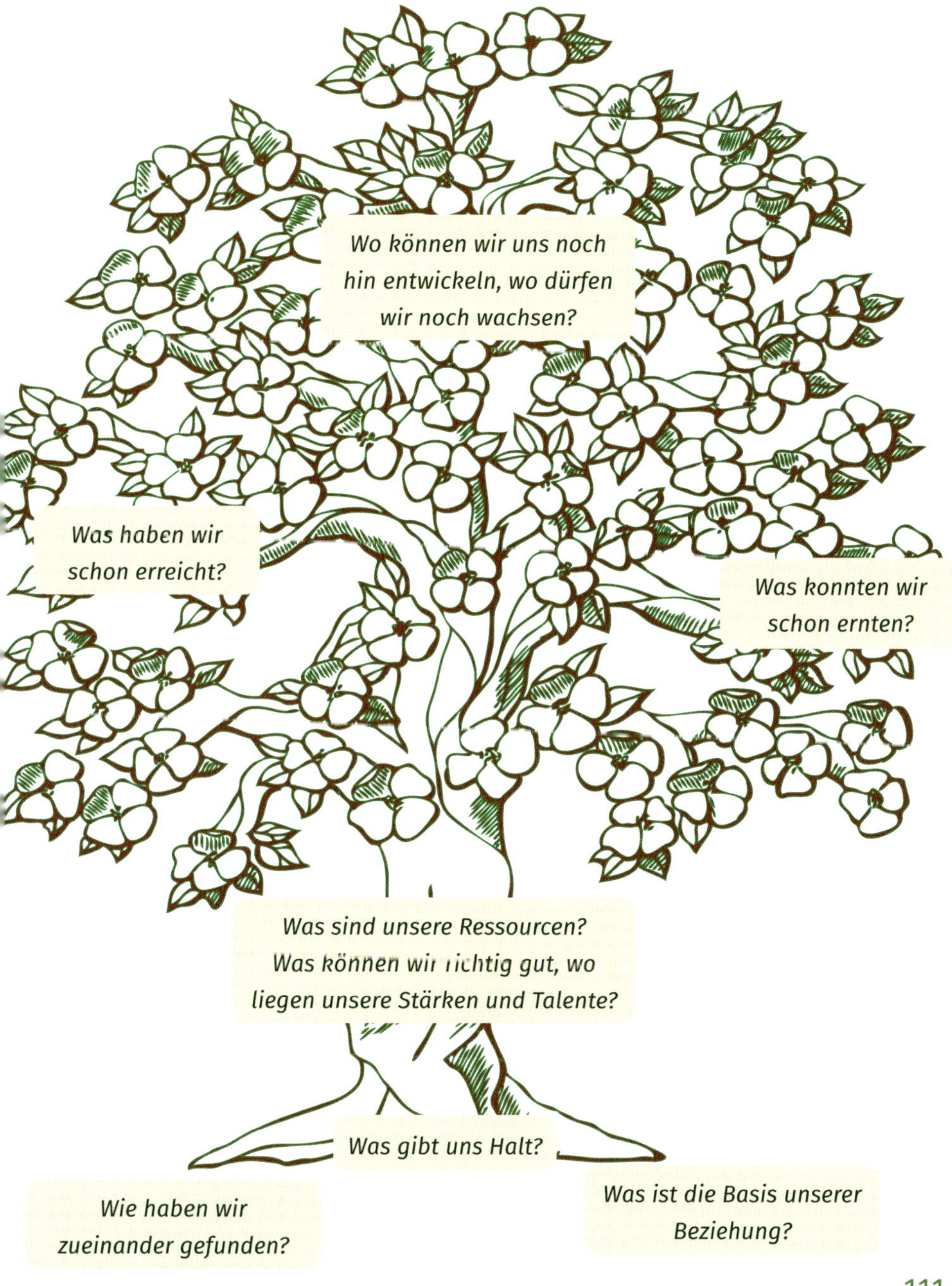
Wo können wir uns noch hin entwickeln, wo dürfen wir noch wachsen?
Was haben wir schon erreicht?
Was konnten wir schon ernten?
Was sind unsere Ressourcen? Was können wir richtig gut, wo liegen unsere Stärken und Talente?
Was gibt uns Halt?
Wie haben wir zueinander gefunden?
Was ist die Basis unserer Beziehung?

rig, welche Blätter, Spitzen und Blüten er noch treiben mag, von denen Sie heute vielleicht noch gar keine Idee haben.

Pflegen Sie Ihren Beziehungsbaum. Geben Sie seinen Wurzeln einen festen Halt und versorgen Sie sie mit Nährstoffen, lassen Sie die Sonne auf seine Krone scheinen und den Wind mit seinen Blättern spielen. Bei den Begriffen, die Sie für die Krone gefunden haben, also Themen, bei denen Sie und Ihr Hund sich noch entwickeln wollen, werfen Sie einen Blick auf Wurzeln und Stamm. Was finden Sie dort, das Ihnen bei der Erreichung Ihrer Ziele hilfreich sein kann, was steht Ihnen möglicherweise im Weg?

Wenn Sie mögen, heben Sie sich das Bild auf und betrachten es von Zeit zu Zeit. Fügen Sie neue Begriffe hinzu, nehmen Sie überholte weg. Oder tanken Sie sich einfach an seinem Anblick auf, wenn Sie gerade das Gefühl haben, dass gar nichts weitergeht oder Sie sogar Rückschritte machen.

DER WORT-SCHATZ

Wie man mit sich selbst und anderen spricht, prägt auch das eigene Denken und Empfinden. Achten Sie deswegen bei dieser Übung einfach mal auf alle negativ behafteten Wörter, die Ihnen in den Sinn oder auch über die Lippen kommen – und ersetzen Sie sie konsequent durch optimistische oder neutrale Begriffe.

So kann zum Beispiel aus einem „Problem“ eine „Herausforderung“ oder vielleicht sogar eine „Chance“ werden. Ein „Fehlschlag“ wird eine „wertvolle Lektion“ usw. Auch aus einem „immer“ oder „dauernd“ („Immer zerrt mein Hund an der Leine, dauernd kläfft er“), kann bei genauer und wohlwollender Betrachtung vielleicht ein „oft“ oder vielleicht sogar ein „manchmal“ werden.

Die Übung können Sie natürlich auch genauso gut auf Aussagen anwenden, die Sie über sich selbst oder andere Menschen treffen. Sie werden merken, dass manches gar nicht so schlimm, vielleicht sogar schon ganz gut ist.

REFRAMING – DEN DINGEN EINEN ANDEREN RAHMEN GEBEN

Eine Steigerung der Übung „Wort-Schatz“ ist das sogenannte Reframing. Der Begriff leitet sich vom englischen Wort „frame = Rahmen“ ab und bedeutet so viel wie „Umdeutung“ oder „Änderung des Bezugsrahmens“. Ich wende diese Methode viel im therapeutischen oder im Coaching-Kontext an. Ziel ist es, ein als störend empfundenes Verhalten als das zu würdigen, was es eigentlich ist: eine momentane Lösungsmöglichkeit. Eine Strategie zur Bedürfnisbefriedigung. Auch wenn diese Strategie natürlich wirklich manchmal Nachteile mit sich bringt.

Einige fiktive Beispiele: „Mein Hund ist faul.“, könnte werden zu „Mein Hund sorgt gut für Ruhe- und Entspannungsphasen.“

„Ich gebe meinem Hund zu wenig Freiheit, er muss immer an der Leine laufen.“, könnte werden zu „Ich möchte meinen Hund, mich und andere Lebewesen vor Gefahrensituationen beschützen.“, oder „Ich möchte mir, meinem Hund und anderen Lebewesen Sicherheit gewähren.“

„Mein Hund ist völlig überdreht.“, könnte werden zu „Mein Hund hat sehr viel Energie und Lebensfreude.“

Man kann es mit dieser Übung natürlich auch übertreiben, nicht alles lässt sich gewaltsam ins Positive drehen und man mag mit seinen Umdeutungen zum Teil auch ganz schön danebenliegen. Das Wertvolle an dieser Übung ist, sich zu vergegenwärtigen, dass es ein unerwünschtes Verhalten an sich nicht gibt, sondern dass der Handelnde – ob Mensch oder Hund – immer einen sinnvollen Beweggrund für sein Verhalten hat, auch wenn dieser vielleicht auf den ersten Blick nicht ersichtlich ist.

In einem nächsten Schritt kann man dann zum Beispiel schauen, wie sich die zugrundeliegenden Bedürfnisse anders – und bestenfalls weniger störend bzw. nachteilig – befriedigen lassen könnten.

Weitere Entspannungsverfahren

Wenn wir am wenigsten Zeit haben, haben wir Entspannung am meisten nötig. Aber leider fallen Dinge, die wir für uns selbst tun, im Alltag immer wieder hinten runter. Am Ende ist doch der Job oder die Familie wichtiger und wir kümmern uns nicht ausreichend um uns selbst. Dabei ist genau das so wichtig, damit man auch gut und effektiv im Beruf ist und entspannt und mit guter Laune für die Familie da sein kann. Wenn wir nicht auf uns achten, werden wir schnell zum unangenehmen Mitbewohner für die Zwei- und Vierbeiner um uns herum. Das Schöne am Waldbaden ist, dass Sie mehrere Dinge gleichzeitig machen können: Sie tun etwas für sich und Ihre Gesundheit, entspannen sich und können die Zeit richtig genießen. Und Sie tun etwas für Ihren Hund, denn er kann Zeit im Wald verbringen, darf all seine Sinne einsetzen, lernt nebenbei, sich auch draußen zu entspannen, hat aber ansonsten „trainingsfrei".

Wenn Sie unsicher sind, welches der folgenden Entspannungsverfahren für Sie passend ist, scheuen Sie sich nicht, Hilfe in Anspruch zu nehmen und sich professionell beraten zu lassen. Das gilt ganz besonders für Menschen mit psychischen Problemen.

Meditation

Allein das Wort Meditation löst bei Menschen, die keinen Bezug dazu haben, oft kritische Gefühle aus. Still sitzen, nichts denken, wie soll das funktionieren? Gleichzeitig berichten aber auch viele Menschen, dass Meditation sie nachhaltig verändert hat. Gerade wenn wir uns den Kopf zerbrechen (im

wahrsten Sinne des Wortes ...), sträubt sich unser Inneres zunächst bei dem Gedanken, still zu sein und in sich zu gehen. Aber genau dann tut eine Meditation uns ganz besonders gut, denn sie bringt uns in unsere innere Mitte. Allzu oft sind unsere Gedanken auf Autopilot und fahren meist nicht auf einer wundervoll in Sonne getauchten Küstenstraße, sondern eher bei zäh fließendem Verkehr auf der A3 im Nieselregen. All die negativen Gedanken lähmen uns, rauben uns Energie und beschränken uns in unseren Möglichkeiten.

Während einer Meditation richten wir unseren Blick von außen in unser Inneres und werden dabei zum achtsamen Beobachter unserer Gedanken. Und genau das macht den Unterschied zum Autopiloten: Wir sind nicht mehr unsere Gedanken, sondern wir sind deren Beobachter. Dadurch sind wir gleichzeitig auch nicht mehr Gefangene unserer Gefühle. Auch hier können wir durch Meditation unseren Geist „reseten" und uns für gute, förderliche Gedanken und Gefühle entscheiden.

Einen Zugang zur Meditation zu finden ist anfangs aber nicht immer einfach. Wenn es beim ersten Mal nicht funktioniert oder sich komisch anfühlt und die Gedanken dann erst recht Karussell fahren, ist das gar nicht schlimm. Nehmen Sie es einfach wohlwollend wahr, versuchen Sie es beim nächsten Mal ganz ohne Erwartungshaltung. Seien Sie liebevoll zu sich selbst und beobachten Sie einfach, was Sie gerade so denken. Man kann bei einer Meditation nichts falsch machen. Mit jedem Mal werden Sie der Meditation ein wenig näherkommen. Es lohnt sich wirklich dranzubleiben.

In zahlreichen Studien wurde belegt, dass eine regelmäßige Meditationspraxis viele positive Effekte mit sich bringt:

- es macht produktiver und aufmerksamer
- es macht uns auch in angespannten Zeiten, bei Druck und Stress widerstandsfähiger und resilienter
- es hilft uns, besser mit unseren Gefühlen und Gedanken umzugehen
- es hilft uns, im Hier und Jetzt zu leben und nicht in der Vergangenheit gefangen zu sein
- es macht uns ausgeglichener
- es macht uns liebevoller mit uns selbst

Von all diesen Eigenschaften profitieren nicht nur unsere Mitmenschen, sondern auch unsere vierbeinigen Begleiter. Gerade wenn Ihr Hund im Alltag schnell nervös und hibbelig ist, tut es ihm gut, einen besonnenen Begleiter an der Seite zu haben. Auch wenn Sie mit Ihrem Hund an unerwünschten Verhaltensweisen trainieren, sind Sie gerechter und weniger emotional, wenn es im Training mal nicht so wie geplant vorangeht. Um die Meditation zunächst zu Hause auszuprobie-

ren, sollten Sie sich ein Zeitfenster einplanen, in dem Sie ungestört sind. Auch Ihr Hund sollte seine Bedürfnisse bereits erfüllt haben, idealerweise waren Sie schon ausgiebig mit ihm spazieren, so dass Sie sich wirklich auf sich konzentrieren können. Für die ersten Meditationen ist es von Vorteil, wenn Sie sich auf einen Stuhl oder Hocker setzen. Im Liegen schläft man erfahrungsgemäß recht schnell ein. Versuchen Sie sich gerade hinzusetzen und aufzurichten, denn das unterstützt den Geist, im Hier und Jetzt zu sein. Atmen Sie ein paar Mal tief und bewusst ein und aus.

Wie Sie Ihren Geist beruhigen, müssen Sie für sich selbst herausfinden. Suchen Sie ohne Druck den Weg, der für Sie passend ist. Seien Sie dabei immer liebevoll und wohlwollend mit sich selbst, als seien Ihre Gedanken ein kleiner Welpe, der hier und da schnüffeln möchte und dabei die Welt erkundet.

Sprechen Sie ihn freundlich an, damit er wieder auf den Weg kommt. Genauso sollten Sie beim Fokussieren Ihrer Gedanken handeln.

Meditation ist dafür da, Abstand von den eigenen Gedanken zu bekommen. Eine große Hilfe kann sein, sich all das, was man so denkt, als eine Art Fernsehprogramm vorzustellen. Jeder Gedanke ist eine Sendung. Man kann sie leiser machen oder man kann umschalten, wenn sie einem nicht gefällt und etwas Angenehmes einschalten. Wir haben also die Wahl, was wir denken und fühlen und dabei hilft uns die Meditation.

Konzentrieren Sie sich vollkommen auf Ihren Atem. Auch wenn Ihre Gedanken noch in verschiedene Richtungen abdriften, nehmen Sie dies ruhig zur Kenntnis und versuchen Sie, sich dann wieder auf Ihren Atem zu konzentrieren. Versuchen Sie dabei nicht, ihn zu verändern, sondern nehmen Sie nur an, wie Ihr Körper ohne Ihr bewusstes Zutun atmet. Versuchen Sie den Luftstrom an Ihrer Nase zu fühlen und wahrzunehmen, wie die Luft in Ihren Körper hinein- und wieder hinausfließt.

Genauso können Sie sich mit einer geführten Meditation an eine neue Art der Achtsamkeit heranführen lassen. Geführte Meditationen sollten Sie am besten mit Kopfhörern ausprobieren, denn so können Sie sich noch besser auf sich fokussieren. Diese Variante eignet sich zwar nicht so gut fürs Waldbaden, aber sie hilft sehr, einen Einstieg in die Meditation zu finden. Geführte Meditationen gibt es als App oder auch kostenlos als Podcast.

Das klassische Waldbaden ist eigentlich das Gegenteil von Meditation, denn es geht dabei um achtsames Wahrnehmen des Außen, nämlich des Waldes. Beim Meditieren liegt der Fokus im Innen. Allerdings sind beide Praktiken gar nicht so gegensätzlich. Nur wenn wir uns gut bewusst nach innen kehren und dort zur Ruhe finden können, wird es umgekehrt auch im Außen funktionieren.

PRAXISTIPP: Wechseln Sie beim Waldbaden zwischen Ihrer Innenwelt und dem bewussten Wahrnehmen des Waldes – diese Abwechslung hilft Ihnen, noch achtsamer unterwegs zu sein.

Gedankenreise

Wenn Sie sich im Alltag öfter über das unerwünschte oder aufgeregte Verhalten Ihres Hundes ärgern, sich häufig überfordert fühlen oder daran zweifeln, ob Sie ihm überhaupt gerecht werden, dann sind es diese negativen Gedanken, die auch im Zusammenleben mit dem Hund immer mitschwingen

und das Training erschweren. Als verantwortungsvoller Halter neigt man schnell dazu, sich verunsichern zu lassen. So gerät das „Hundehaltergehirn“ in Stress und dieser Stress hindert uns daran, klar mit dem Hund zu kommunizieren, Situationen richtig einzuschätzen und planvoll zu handeln. Häufig sind wir genau aus diesem Grund sogar ungerecht zu unserem Hund, obwohl wir eigentlich nur das Beste für ihn wollen. So stockt das Training, weil wir im Kopf nicht frei sind.

Lassen Sie sich auf ein kleines Experiment ein: Nehmen Sie das „Problem“, das Ihr Hund in Ihren Augen hat, und malen Sie sich in den schönsten Farben aus, wie ein Spaziergang oder auch ein Waldbad ohne dieses Problem sein könnte. Stellen Sie sich die Situation lebendig vor und versuchen Sie dabei, richtig zu spüren, wie es sich anfühlt, was Sie hören, was Sie riechen. Wenn Ihr Hund zum Beispiel ein Problem mit entgegenkommenden angeleinten Hunden hat, stellen Sie sich vor, wie entspannt Sie wahrnehmen, dass da ein Hund kommt. Sie sprechen Ihren Hund freundlich an und gehen einen kleinen Bogen um den fremden Hund. Ihr Hund ist in dieser Situation ebenfalls ganz entspannt, schaut den anderen Hund freundlich an und schenkt Ihnen dann wieder einen Blick. Sie loben ihn und wünschen den anderen Hundehaltern einen schönen Tag. Erfreuen Sie sich richtig an dieser Situation. Dieses positive Kopfkino trickst Ihren Körper aus. Für Ihr Hormonsystem macht es nämlich keinen Unterschied, ob Sie die Situation wirklich erleben oder ob sie sich nur in Ihren Gedanken abspielt. Aber Sie lösen damit Schritt für Schritt Ihre Blockaden in angespannten Situationen und üben quasi „trocken“, auch in diesen Situationen ruhig zu bleiben. Ganz egal, was Ihnen auf einem Spaziergang Stress bereitet, Sie können es neu und positiv durchspielen. Diese Gedankenreise sollten Sie regelmäßig wiederholen, damit sich eine kleine Autobahn der positiven Emotionen in diesem Zusammenhang in Ihrem

Gehirn bildet. Auch Ihr Hund wird davon profitieren, denn Sie werden in der nächsten realen Problemsituation gleich ruhiger sein und nicht kopflos in alte Handlungsmuster rutschen – und diese Ruhe wird sich auch auf ihn übertragen. Und sollten Sie im Alltag bemerken, dass Sie beim Denken an Ihren Hund in alte Gedankenschleifen verfallen, in denen er nicht gut wegkommt, stoppen Sie diesen Film ganz bewusst und legen Sie einen positiven Film ein.

Atemübungen

Atmen kann jeder und zwar ohne darüber nachzudenken. Meist atmen wir sehr flach und nutzen dabei nur einen Bruchteil unseres Lungenvolumens. Eine tiefe Atmung ist wie eine kleine Sauerstoffdusche für unser Inneres. Aber im Alltag kann unsere Atmung auch ein hervorragender Anker für das Hier und Jetzt sein. Bewusstes und ruhiges Atmen ist damit eine sehr heilsame Praktik. Wenn wir zu unserem Atem zurückkehren, können wir unseren Geist sammeln und dort verankern.

Probieren Sie zunächst daheim aus, was sich für Sie gut anfühlt. Ist es angenehm, wenn Sie einfach nur Ihren Atem beobachten – das Einatmen, die kleine Pause, in der nichts passiert und dann das Ausatmen oder fühlt es sich besser an, wenn Sie tief und bewusst in Ihren Bauch atmen? Manchen Menschen hilft es, eine Hand auf den Bauch zu legen und bewusst in die Hand zu atmen. Vielleicht haben Sie auch Lust, verschiedene Atemübungen aus dem Yoga auszuprobieren. Im Yoga werden diese Übungen als Pranayama bezeichnet.

Wechselatmung

Sitzen Sie hierfür gerade und aufrecht und schließen Sie gern die Augen. Nehmen Sie Ihre Hand vor das Gesicht und machen Sie eine Faust, so dass die Faustinnenseite zu Ihrem Gesicht

zeigt. Nun spreizen Sie den Daumen und den kleinen Finger ab. Mit dem Daumen verschließen Sie nun sanft ein Nasenloch. Atmen Sie durch das andere Nasenloch ein. Nun nehmen Sie den kleinen Finger dazu und schließen auch das andere Nasenloch und halten kurz die Luft an. Öffnen Sie das Nasenloch, auf dem der Daumen war und atmen langsam aus – zählen Sie dabei bis 8. Dann verschließen Sie wieder beide Nasenlöcher und nehmen die kleine Atempause wahr. Nun öffnen Sie wieder ein Nasenloch usw.

Die Wechselatmung fördert die Konzentration und stimmt den Geist auf Meditation oder achtsames Waldbaden ein. Aber bitte üben Sie diese Art des Atmens zunächst daheim. Zum einen könnte es sein, dass Ihnen beim ersten Mal vielleicht ein wenig schwindlig wird, bis Sie den passenden Rhythmus gefunden haben, zum anderen wird Ihr Hund vielleicht die ersten paar Male etwas verwirrt auf Ihre Atemgeräusche reagieren. Hier ist ein langsames Herantasten an die Übungen sinnvoll. So finden Sie auch am besten heraus, was heilsam für Sie ist.

Die 4-7-8-Atmung

Sitzen oder stehen Sie bei dieser Übung aufrecht, so dass sich Ihr Brustkorb frei bewegen kann. Nehmen Sie zunächst ein paar sanfte Atemzüge, bevor Sie mit der eigentlichen Übung starten. Schließen Sie den Mund und achten Sie darauf, dass Ihr Kiefer und Ihre Zunge locker sind. Atmen Sie durch die Nase ein und zählen Sie dabei still bis 4. Dann halten Sie den Atem an und zählen dabei bis 7. Öffnen Sie den Mund und atmen Sie durch den Mund aus und zählen dabei bis 8. Wiederholen Sie diesen Ablauf 4 bis 5 Mal.

ACHTUNG: Bestimmte Atemübungen sind bei Erkrankungen und körperlichen Einschränkungen nicht oder nur in sanfter Form anzuwenden. Besprechen Sie im Zweifel vorher mit Ihrem Arzt, worauf Sie achten sollten.

Gefahren und Verhalten im Wald

Wenn man ein paar Dinge beachtet, ist ein Ausflug in den Wald in unseren Breiten nicht mit übermäßigen Gefahren verbunden. Wie bereits erwähnt, sollten Sie den Wald bei Sturm und Gewitter meiden. Aber auch ein paar Tage nach einem Sturm können noch Äste abbrechen oder schwache Bäume umfallen – seien Sie also auch dann vorsichtig. Bevor Sie sich im Wald an einer Stelle niederlassen, werfen Sie immer einen Blick nach oben, ob der Baum über Ihnen und Ihrem Hund vital ist oder ob eventuell herabfallendes Totholz Gefahren birgt.

Gefährlich sind im Wald für uns weniger die großen Tiere als die ganz kleinen. Zecken sind den meisten Hundehaltern ein wohl bekanntes Übel. Es gibt unzählige Produkte für Hunde, die mehr oder weniger helfen und mehr oder weniger Chemie enthalten. Jeder kann selbst entscheiden, was für den jeweiligen Hund und Haushalt am passendsten ist. Aber informieren Sie sich immer gut über Wirkung, Nebenwirkungen und Wirkstoff. Insbesondere beim Ausflug ins Unterholz sollten auch Sie sich gut gegen Zecken schützen. Auch für Menschen gibt es entsprechende Zeckenrepellents, mit denen man sich und die Kleidung einsprühen kann. Das Wichtigste aber ist, dass Sie nach dem Heimkommen sich und Ihren Hund gründlich nach Zecken absuchen. Sollten Sie eine festgebissene Zecke finden, entfernen Sie diese sofort mit einer Zeckenzange, sollte sich eine Rötung bilden, gehen Sie zum Arzt.

Eine weitere Gefahr, vor allem für stöbernde Hunde, sind **Wildschweine**. Gerade Bachen mit Frisch-

lingen können sehr aggressiv werden. Ihr Hund sollte deshalb nicht allein im Unterholz unterwegs sein oder sich ohne Leine aus Ihrem Wirkungskreis entfernen. Viele Hunde reagieren aber bereits beim Geruch von Schwarzwild deutlich, sie zeigen Meideverhalten und möchten nicht weitergehen, andere werden sehr aufgeregt. Sie sollten Ihren Hund also gut beobachten, gerade wenn Sie etwas abseits von frequentierten Wegen unterwegs sind. Die Hundenase ist ein wunderbares, leistungsstarkes Organ und mit ein wenig Training kann man jedem Hund beibringen, Ihnen Wildgeruch anzuzeigen und nicht kopflos im Wald unterwegs zu sein. Sollten Sie einem Wildschwein oder einer ganzen Rotte begegnen, bleiben Sie ruhig und treten Sie zügig den Rückzug an. Achten Sie darauf, dass Ihr Hund die Tiere nicht provoziert – also nicht anstarrt oder anbellt.

Auch der **Wolf** hält in immer mehr Waldgebieten wieder Einzug. Dennoch ist es sehr unwahrscheinlich, dass Sie ihn zu Gesicht bekommen, denn die Tiere sind sehr scheu, gerade wenn Sie einen Hund dabeihaben. Aber auch hier gilt: Lernen Sie, Ihren Hund zu lesen! Hunde reagieren sehr deutlich auf potenziell gefährliche Gerüche und Situationen. Sollte Ihr Hund also stehen bleiben und nicht weiter gehen wollen, beachten Sie dieses Zeichen!

Bei **Forst- und Baumfällarbeiten** verlassen Sie das Waldstück umgehend! Achten Sie dabei auf die Warnhinweise und Absperrungen, es kann sonst lebensgefährlich werden.

Grundsätzliches

Wir dürfen den Wald betreten! Wir sind aber auch verpflichtet, mit der Natur pfleglich umzugehen! Die Länder regeln das Betretungsrecht im Wald, die Leinenpflicht ist nicht landesweit einheitlich geregelt. Bitte informieren Sie sich, wo und wann Sie Ihren Hund frei laufen lassen dürfen und wo Sie sich abseits der Wege aufhalten können. Es gibt Wälder, die einem besonderen Schutzstatus unterliegen. Dort kann das Betretungsrecht eingeschränkt sein. Aber auch jenseits von Verordnungen und Gesetzen sollten wir uns bemühen, achtsam mit der Natur und unserer Umwelt umzugehen. Dazu gehört es, sich zu informieren, nicht in geschützte Habitate und Gebiete zu gehen und keine Tiere zu stören. Die Anwesenheit eines Beutegreifers, den wir an der Leine mit uns führen, ist für viele Lebewesen schon Grund genug, ein Gebiet zu meiden. Betreten wir dieses Gebiet auch noch regelmäßig, können sich ganze Lebensräume durch Abwanderung von Arten verändern.

Wenn Sie mit Ihrem Hund beim Waldbaden unterwegs sind, sollte er am besten an einer langen und leichten Leine sein. Testen Sie vorher, welche Leine Ihnen gut in der Hand liegt und Sie und Ihren Hund nicht stört. Auch die Länge ist sehr individuell und muss in jedem Fall so gewählt sein, dass man den Hund auch noch halten kann, wenn er mit Anlauf in die Leine rennt. Schon bei mittelgroßen Hunden wird es da bei zehn Metern schwierig, bei großen ist es unmöglich. Trotzdem sollte Ihr Hund genug Bewegungsspielraum haben, um sich wohl zu fühlen. Die Leine ist beim Waldbaden die physische Verbindung zwischen Ihnen und Ihrem Hund – Sie beide sollen ja auch immer wieder richtig abschalten können und hierfür ist eine lange Leine eine gute Möglichkeit, aufeinander aufzupassen, auch wenn man mental gerade mit etwas Anderem beschäftigt ist. Außerdem schützt sie das Wild – sollte Ihr Hund doch mal auf einer Wildspur verschwinden wollen. Wir sollten immer

im Hinterkopf behalten, dass wir uns im Wohnzimmer von Reh, Hase, Hirsch, Dachs, Fuchs und Wildschwein sowie vielen anderen Wildtieren befinden und unsere Hunde, egal, ob mit viel oder wenig Jagdtrieb ausgestattet, Beutegreifer sind. Auch eine kurze Hatz kann ein Wildtier so erschöpfen, dass es wenig später stirbt. Gerade im Winter sind die Wildtiere oft geschwächt von der Kälte und Nahrungsknappheit und reagieren auf Störungen besonders empfindlich. Im Frühjahr in der Brut- und Setzzeit sind sie erst hoch tragend und müssen dann ihre Jungen versorgen und können deshalb ebenfalls keine weiteren Belastungen wegstecken.

Noch ein paar Hinweise

- Gehen Sie **achtsam mit Pflanzen und Bäumen** um, denn auch sie sind Lebewesen. Verletzen Sie sie nicht unnötig und falls Sie Pflanzen und Pilze entnehmen (bitte nur die, die nicht geschützt sind), nehmen Sie nur so viele, wie Sie wirklich brauchen.
- Sie bewegen sich im Lebensraum vieler Tiere. Versuchen Sie die **Störung so gering wie möglich** zu halten, vermeiden Sie unnötigen Lärm und bewegen Sie sich rücksichtsvoll.
- **Rauchen Sie nicht im Wald und zünden Sie kein Feuer an.**

Der Wald steht unter einem enormen Druck, denn viele Nutzungsgruppen mit unterschiedlichen Bedürfnissen sind unterwegs. Naturschutz, Jagd- und Forstwirtschaft, Erholungssuchende, Hundehalter, Biker, Walker usw. Jeder hat (s)einen Grund, warum er im Wald unterwegs ist und jeder pocht dabei auf sein Recht. Wenn wir uns hier auch mal in die Bedürfnisse der Gegenseite versetzen und mit unserem Gegenüber reden, wird es leichter sein, Kompromisse zu finden.

Ab in den Wald!

Die Nutzung der Module

Es ist wunderbar, wenn man in den Wald ziehen kann und ein vollgepacktes Säckchen an Entspannungsmaßnahmen für sich und seinen Hund dabeihat. Zum einen soll ja auch der Hund die gemeinsame Zeit genießen und zur Ruhe kommen, zum anderen können Sie sich viel besser auf sich selbst konzentrieren, wenn er keinen Frust hat und nicht auf dumme Ideen kommt. Wenn Sie gut vorbereitet sind, können Sie die Entspannungsmaßnahmen als Module für sich und Ihren Hund zusammenpuzzeln. Mit einem Reigen an Maßnahmen können Sie auch während des Waldbades Ihrem Hund das Passende bieten und selbst ein Maximum an Entspannung genießen.

Bevor Sie starten, können Sie sich selbst auch noch einmal fragen:

- Wie geht es mir gerade auf einer Skala von 1 bis 10?
- Wie müde bin ich auf einer Skala von 1 bis 10?
- Wie viel Kraft spüre ich in mir auf einer Skala von 1 bis 10?

Notieren Sie sich Ihre Antworten vorher und stellen Sie sich nach Ihrem Waldbad noch einmal dieselben Fragen. Sie werden überrascht sein, wie Sie sich nach dem Aufenthalt im Wald fühlen.

Der gute Start: Jagd nach gutem Verhalten

Wenn Sie im Wald oder auf dem Parkplatz ankommen, schenken Sie die ersten 20 bis 30 Minuten Ihrem Hund. Damit er sich ebenso auf das Abenteuer Waldbaden einlassen kann, müssen seine Bedürfnisse wie Geschäfte erledigen, ausgiebig laufen und rennen usw. zunächst befriedigt werden, ansonsten wird es schwer, dass er sich auch wirklich entspannt. Sie kennen Ihren Hund am besten – überlegen Sie, was ihm gleich zu Beginn guttun würde. Möchte er lieber ein wenig schneller unterwegs sein oder ausgiebig schnüffeln? Egal wie er es am liebsten mag, widmen Sie die erste Zeit Ihrem Hund – mit voller Aufmerksamkeit, Dankbarkeit und Empathie. Sehen Sie bewusst zu, was er macht und versuchen Sie, ganz im Hier und Jetzt zu sein.

Eine meiner Lieblingsübungen ist die „Jagd nach gutem Verhalten“, die sich zu Beginn eines Waldbades hervorragend eignet.

Sie ist universell einsetzbar, bringt den Hund im Training voran und versetzt uns Menschen gleichzeitig in eine gute Stimmung: Klar also, dass man sie am besten in jeden Spaziergang integriert, auch zu Beginn des Waldbades. Am einfachsten nehmen Sie sich eine bestimmte Strecke vor, auf der Sie diese Übung praktizieren. Der Hund kann dabei an einer langen Leine geführt werden oder, wenn er gut abrufbar ist und die Umwelt es erlaubt, auch frei laufen. Beobachten Sie Ihren Hund: Was zeigt er von sich aus für ein erwünschtes Verhalten? Schaut er sich zu Ihnen um? Bewegt er sich im Leinenradius, ohne zu ziehen? Bleibt er auf dem Weg, statt im Unterholz zu verschwinden? Beobachtet er einen Vogel, anstatt ihn aufzuscheuchen? All das sind großartige Verhaltensweisen, die Sie unterstützen sollten. Jedes Mal, wenn Ihr Hund ein erwünschtes, tolles Verhalten zeigt, loben und/ oder belohnen Sie ihn mit einem Leckerchen. Sie setzen Ihrem Hund so ganz nebenbei einen Verhaltensrahmen und zeigen ihm, was Sie sich von ihm wünschen. Es ist für die Bindung und Beziehung so viel wertvoller, wenn Sie Ihrem Hund zeigen, was Sie toll finden, statt ihm dauernd Befehle und Kommandos zu geben. Aber auch für uns Menschen ist es eine wunderbar wertvolle Übung, wenn wir uns mal nur auf das Schöne und Erwünschte konzentrieren und unseren ganzen Fokus darauf legen, was unser Gegenüber alles gut macht und wir

Die „Jagd nach gutem Verhalten“ ist universell einsetzbar, bringt den Hund im Training voran und versetzt uns Menschen gleichzeitig in eine gute Stimmung ☺

dies honorieren. Wenn wir das bei unseren Hunden regelmäßig praktizieren, kann dies auch einen positiven Effekt auf unsere zwischenmenschlichen Beziehungen haben. Aber nur wenn wir uns darin üben, werden wir es auch in den Alltag übertragen. Klar, Ihr Arbeitskollege muss bei Blickkontakt nicht mit einem „Lob & Keks" belohnt werden, aber wenn Sie die Fähigkeit üben, genau wahrzunehmen, was Ihr Gegenüber macht, dann schadet es sicher nicht, auch hier etwas Wertschätzung entgegenzubringen. Sie werden sehen, das macht nicht nur im Alltag mit Ihrem Hund einen Unterschied, und Sie werden diese positive Energie ganz sicher zurückbekommen.

Bleibt Ihr Hund auf dem Waldausflug stehen, um zu schnuppern, nehmen Sie das als Gelegenheit, sich zu entschleunigen. Wandeln Sie im Wald wie in einem Museum. Viele Hunde schnüffeln gerne und tauchen dabei in die Umwelt ein, genau das ist hier äußerst erwünscht. Beim Waldbaden soll-

ten wir immer langsam unterwegs sein, am besten schlendern, denn Achtsamkeit entsteht vor allem, wenn Geschwindigkeit geht! Das Anhalten Ihres Hundes ist immer ein guter Moment, selbst innezuhalten, zu fühlen und wahrzunehmen, was genau in diesem Augenblick passiert und wie der Wald auf Sie wirkt.

Wenn Sie mit Ihrem Hund unterwegs sind, kann er wie ein Wegweiser für Sie sein und Ihnen einen Zugang in die wunderbare Welt von Wald und Wild vermitteln. Hunde interessieren sich im Wald für Kleinigkeiten – schauen Sie doch mal genau hin, was er so spannend findet! Wir sind es im Alltag gar nicht mehr gewohnt, auf die Details in der Natur zu achten und diese kleinen Wunder bewusst wahrzunehmen. Wenn Ihr Hund zufrieden ist und seine Bedürfnisse erfüllt sind, können Sie sich ein passendes Plätzchen im Wald suchen und das machen, worauf Sie gerade intuitiv Lust haben. Überlegen Sie sich, welches Modul in diesem Moment am besten zu Ihrem Hund passen könnte. Eher mehr Aktivität oder eine wirkliche Entspannungseinheit mit Massage?

Beim Waldbaden sollten wir immer langsam unterwegs sein, am besten schlendern.

Ihr Hund wird schnell lernen, dass eine Entspannungseinheit folgt, wenn Sie Ihren Waldbaderucksack dabeihaben, diesen ablegen und Ihre Decke rausholen. Mit jedem Waldtag wird auch er sich schneller auf die wohltuende Waldeinheit einlassen können. Bevor Sie von einem Modul zum nächsten wechseln oder Ihren Standort verändern, sprechen Sie Ihren Hund freundlich an, dass es jetzt weitergeht und räumen Sie dann erst Ihre Sachen zusammen. Ihr Hund sollte sich darauf verlassen können, dass Sie ihm Bescheid geben, bevor es weitergeht, dann wird er sich besser entspannen können und Sie nicht in einer andauernden Erwartungshaltung beobachten, um von Ihren Verhaltensweisen abzulesen, ob vielleicht der Aufbruch naht – oder noch nicht.

DIE GLÜCKSBOHNEN

von Michaela Schwestka

Es war einmal ein Bauer, der steckte jeden Morgen eine Handvoll Bohnen in seine linke Hosentasche. Immer wenn er während des Tages etwas Schönes erlebt hatte, wenn ihm etwas Freude bereitet oder er einen Glücksmoment empfunden hatte, nahm er eine Bohne aus der linken Hosentasche und gab sie in die rechte.

Am Anfang kam das nicht so oft vor. Aber von Tag zu Tag wurden es mehr Bohnen, die von der linken in die rechte Hosentasche wanderten. Der Duft der frischen Morgenluft, der Gesang der Amsel auf dem Dachfirst, das Lachen seiner Kinder, das nette Gespräch mit einem Nachbarn – immer wanderte eine Bohne von der linken in die rechte Tasche.

Bevor er am Abend zu Bett ging, zählte er die Bohnen in seiner rechten Hosentasche und bei jeder Bohne konnte er sich an das positive Erlebnis erinnern. Zufrieden und glücklich schlief er ein.

Die Glücksbohnen können Sie in abgewandelter Form gut mit dem Dankbarkeitstagebuch und der Jagd nach dem guten Verhalten kombinieren, indem Sie zum Beispiel Leckerlis von einem Ort an einen anderen wandern lassen (oder die gesammelten Bohnen gegen Leckerlis eintauschen) und diese Ihrem Hund dann am Abend geben, während Sie die guten Momente noch einmal Revue passieren lassen.

Ein Startritual für den Menschen

Vielleicht haben Sie auch Freude daran, sich ein Startritual für Ihr Waldbad zu überlegen. Wenn wir am Wald ankommen, tragen wir noch eine Menge Alltagsballast mit uns herum. Im Kopf schwirren vielleicht noch Gedanken, die uns nicht guttun. Spüren Sie noch mal in sich hinein, sammeln Sie diese Gedanken! Nehmen Sie sich dann einen Stock, einen Tannenzapfen oder einen Stein und stecken Sie all die Sorgen und das Kopfkino dort gedanklich hinein – stellen Sie sich dann bildlich vor, wie alles Negative, Belastende dort hineinfließt. Atmen Sie noch einmal tief durch und dann legen Sie Ihren Gegenstand ab. Dort bleiben nun all die Dinge, die Sie belasten, am Beginn des Waldes liegen und Sie können mit klarem Kopf losgehen.

Die Sinne aktivieren

Zu Beginn jeder Übung, die Sie für sich selbst machen, spüren Sie in sich hinein. Was fühlen Sie? Gibt es Bereiche in Ihrem Körper, die sich verspannt anfühlen? Versuchen Sie Ihren Körper noch mal zu lockern und atmen Sie tief und gleichmäßig. Erlauben Sie sich, alles wahrzunehmen, ohne zu urteilen und staunen Sie, als wären Sie zum ersten Mal im Wald!

Unsere Sinne sind in unserem Alltag ziemlich strapaziert, wir leben in einer hektischen Umwelt, es prasseln unzählige Reize auf uns und unsere Hunde ein. Zum Glück filtert unser Unterbewusstes viele Reize aus, bevor sie im Bewusstsein ankommen, sonst wären wir sehr schnell überfordert. Dennoch, als Tor zur Welt sind unsere Sinnesorgane eine emp-

findliche Schnittstelle zwischen unserem Inneren und der Außenwelt. Sie geben uns ein Bild der Welt und vermitteln damit auch Gefühle und Stimmungen. Eigentlich sind wir dafür geschaffen, uns mit all unseren Sinnen mit der Natur auszutauschen – wir vergessen das nur leider viel zu oft. Im Wald gibt es so viele Reize, die sehr heilsam für uns sind und die uns guttun, besonders, wenn wir sie achtsam und bewusst wahrnehmen. Die Sinne einzeln zu benutzen ist anstrengend und fordert uns viel Konzentration ab, aber stetes Training durch gezielte Wahrnehmung zahlt sich aus, denn es hilft uns auch in Situationen außerhalb des Waldes Informationen und Eindrücke genau zu prüfen. Sie können die einzelnen Übungen im Sitzen, aber auch im Laufen praktizieren und auch zwischen den Übungen wechseln. Wichtig ist lediglich die achtsame Konzentration auf die einzelnen Sinne.

Hören

Der Hörsinn ist im Gegensatz zum Sehsinn immer aktiv. Wir können ihn nicht willentlich ausschalten. Unser Gehirn nimmt also dauerhaft akustische Informationen auf. Hören ist für die menschliche Kommunikation sehr bedeutsam und die Ohren sind rund um die Uhr das Tor zu unserer Wahrnehmung. Genau deshalb ist es so wichtig, auch dem Hörsinn eine wohltuende Pause zu gönnen. Die sanften und angenehmen Geräusche im Wald helfen uns dabei.

Vergewissern Sie sich, dass es Ihrem Hund gut geht, er entspannt ist und die Leine gut befestigt ist. Überprüfen Sie noch einmal, ob auch keine anderen Störfaktoren im nahen Umfeld sind. Dann schließen Sie Ihre Augen und konzentrieren sich voll und ganz darauf, was Sie hören. Der Wald erzählt uns viel! Versuchen Sie die Geräusche wirklich einzeln wahrzunehmen und aus dem Geräuschteppich herauszufiltern. Sie können Ihre Ohren auch kurz zuhalten, um nach dem Öffnen noch bewusster wahrzunehmen, was Sie hören. Was davon ist in der Nähe, was in der Ferne? Welche Tiere hören Sie und welche Geräusche machen die Pflanzen um Sie herum? Hören Sie das Atmen Ihres Hundes? Ist es zwischen den Geräuschen auch mal ganz still? Kommen vielleicht bei bestimmten Geräuschen bestimmte Assoziationen? Wenn Sie die Augen wieder öffnen, können Sie auch Ihren Hund beobachten. Wie reagiert er auf bestimmte Geräusche? Sie können auch immer nur ein Ohr öffnen und das andere zuhalten. Wie fühlen sich die Geräusche dann an?

Sehen

Der Sehsinn ist bei uns Menschen, im Gegensatz zum Hund, bei dem der Riechsinn dominiert, sehr bedeutend. Wir nehmen Gegenstände fokussiert wahr und/ oder überblicken eine ganze Fläche mit dem peripheren Sehen. Beides ist wichtig, damit wir unser ganzes Potential ausschöpfen. In unserem Alltag wird dieser Sinn durch die Arbeit am Bildschirm sehr eingeschränkt. Bevor Sie Ihren Sehsinn trainieren, spüren Sie kurz in Ihren Nacken und oberen Hals hinein. Oft stecken hier Verspannungen, die sich direkt auf die Augen auswirken. Versuchen Sie Ihre Nackenmuskulatur gezielt ein paar Sekunden anzuspannen und ziehen Sie Ihre Schultern nach oben. Atmen Sie dabei tief ein und beim nächsten Ausatmen lassen Sie die Schultern sanft fallen. Stellen Sie sich dabei vor, wie Ihre Nackenmuskulatur ganz weich und geschmeidig wird! Manchmal tut es auch gut, sich selbst den Nacken oder die Schultern zu massieren.

Setzen Sie sich hin, schließen Sie kurz die Augen und nehmen Sie wahr, was Sie trotz geschlossener Augen sehen. Dann öffnen Sie bewusst die Augen und schauen in die Ferne. Dabei werden sich Ihre Augen gut entspannen. Nehmen Sie das Grün wahr und wie es zwischen Bäumen und Sträuchern verschwimmt. Vielleicht sehen Sie auch das Braun der Rinde zwischen grünen verschwommenen Flecken. Versuchen Sie, das, was Sie sehen, als ein großes Bild zu begreifen, das Ihre Augen beruhigt. Wenn Sie einige Zeit in die Ferne geblickt haben, fokussieren Sie ein Blatt oder einen Ast im Nahbereich. Schauen Sie sich jedes Detail ganz genau an. Dann richten Sie Ihren Blick erneut in die Ferne, so dass sich Ihre Augen wieder entspannen.

Sie können auch mal den Boden um sich herum ganz genau beobachten. Tauchen Sie in die detailreiche, kleine Welt ein und schauen Sie ganz genau, ob Sie vielleicht auch kleine Lebewesen oder Insekten entdecken. Sie dürfen sich hier richtig verlieren und werden erstaunt sein, was es auf einem Quadratdezimeter Waldboden alles zu entdecken gibt.

Riechen

Unser Geruchssinn ist zwar nicht so gut ausgeprägt wie der unserer Hunde, dennoch spielt er auch bei uns eine große Rolle – vor allem wenn es um Emotionen geht. Wie beim Hund ist er direkt mit dem limbischen System verbunden und steuert so einen großen Teil unserer unbewussten Wahrnehmung. Trainieren wir ihn – und somit auch das bewusste Wahrnehmen –, dann können wir auch unsere Emotionen besser verstehen. Im Wald finden wir so viele unterschiedliche, natürliche Gerüche, die wir entdecken können, ohne den Geruchssinn zu überfordern – ein ideales Übungsterrain also.

Das tiefe und bewusste Atmen spielt beim Waldbaden eine große Rolle. Versuchen Sie ganz bewusst, über die Nase einzuatmen und sich dabei auf Ihren Geruchssinn zu konzentrieren. Wann beginnt ein Geruch und wann verschwindet er wieder? Wo nehmen Sie ihn wahr? Woran erinnert er Sie? Schauen Sie um sich herum und nehmen Sie sich ein wenig Zeit, an Baumrinde, Nadeln, Moos und Blättern zu riechen. Wie unterscheiden sich die Gerüche?

Sie können auch unterschiedliche Dinge wie Zweige, Blätter, Steine oder Tannenzapfen sammeln und bei einer kleinen Pause bewusst alles einzeln „erriechen“, mit offenen oder geschlossenen Augen. Auch Ihr Hund wird sicher gerne an den gesammelten Gegenständen riechen. Beobachten Sie ihn, wie er auf unterschiedliche Gerüche mit seiner Körpersprache reagiert. Wir Menschen sind in Sachen Geruchswahrnehmung gegenüber unseren Hunden leider völlig unterbelichtet, trotzdem können wir durch bewusstes Riechen auch unseren Geruchssinn trainieren. Gerade weil dieser im Alter immer schwächer wird und an den Geschmackssinn gekoppelt ist, lohnen sich diese Übungen, denn Riechen und Schmecken tragen zu unserer Lebensqualität bei.

Schmecken

Wir können den Wald auch schmecken, denn es gibt eine Reihe von essbaren Waldfrüchten und Pflanzen. Auch diese kann man ganz wunderbar achtsam mit allen Sinnen wahrnehmen, bevor man sie isst. Riechen Sie zunächst daran, dann spüren Sie mit Ihren Lippen die Oberfläche, legen Sie die Frucht auf Ihre Zunge und erst dann kauen und schlucken Sie sie. Informieren Sie sich aber bitte gut, welche Pflanzen und Pilze in welcher Form essbar für Sie und Ihren Hund sind. Junge Buchenblätter und Fichtennadeln schmecken mit ein bisschen Salz hervorragend auf Butterbrot. Knoblauchsrauke und Bärlauch findet man ebenfalls im Wald. Aber achten Sie immer auf die giftigen Doppelgänger der Pflanze – wenn Sie sich nicht hundertprozentig sicher sind, lassen Sie die Pflanze stehen. Und bedenken Sie bitte bei allem, was Sie an Essbarem im Wald finden, nur das zu nehmen, was Sie wirklich brauchen. Dazu gehören auch Pilze und Beeren.

Fühlen

Der Wald bringt unzählige unterschiedliche Strukturen und Formen hervor. Sammeln Sie ein paar „Waldschätze" und ertasten Sie nacheinander jeden Gegenstand mindestens drei

Minuten lang. Schließen Sie Ihre Augen und fühlen Sie ganz genau, wie Ihre Fingerkuppen die Oberfläche wahrnehmen.

Entspannungsort mitnehmen

Wenn Sie einen Ort gefunden haben, an dem Sie und Ihr Hund sich wirklich wohl fühlen und an dem Sie wirklich angekommen sind, nehmen Sie sich ein paar Minuten Zeit und prägen sich diesen Ort ganz genau ein. Welche Details sehen Sie? Wie riecht es dort und wie fühlen Sie sich? Diesen wunderbaren Ort können Sie dann später in Gedanken jederzeit aufsuchen, um sich ein paar Sekunden oder Minuten eine kraftvolle Auszeit zu gönnen.

Barfuß unterwegs

Egal zu welcher Jahreszeit – barfuß im Wald zu laufen ist fast schon ein Muss bei jedem Waldbad, weil es uns so wunderbar mit der Natur und der Erde verbindet. Unsere Füße haben Unmengen an Sinneszellen, die leider im Alltag so gut wie gar nicht genutzt werden. Wenn wir barfuß laufen, können wir uns ganz anders auf den Wald einlassen, die Natur und den kostbaren Waldboden spüren und eine direkte Verbindung dazu aufbauen. Außerdem verbessert bewusstes Barfußlaufen unseren Gang, denn wir laufen vorsichtiger und aufrechter. Unsere Füße werden gut durchblutet (gerade, wenn es kalt ist) und wir konzentrieren uns mehr auf das bewusste Laufen.

Anfangs wird es Ihrem Hund vielleicht etwas schwerfallen, sich Ihrem Tempo beim langsamen Barfußlaufen anzupassen und der unsichere Gang kann ihn sogar etwas verunsichern. Sprechen Sie freundlich mit ihm und ermuntern Sie ihn mitzulaufen. Laufen Sie aber erst los, wenn Sie einen Moment richtig fest dagestanden sind und ein paar tiefe Atemzüge ge-

nommen haben. Spüren Sie dabei, wie sich der Untergrund anfühlt, beobachten Sie, wo Sie hintreten und setzen Sie Ihren Fuß bewusst auf den Boden. Vielleicht sind Sie anfangs noch vorsichtig und treten nicht auf kleine Tannenzapfen oder Bucheckern. Aber wenn Ihre Füße schon die ein oder andere Waldsafari gewöhnt sind, können Sie sich auch etwas mehr trauen. Sie müssen auch vor matschigen Stellen keinen Halt machen und ein Ausflug ins Moos ist ein ganz besonderes Erlebnis für die Füße. Aber auch Schotter, wurzelige Wege oder Nadelboden trainieren unsere Füße gut. Es ist immer wieder spannend, wie wir den Wald auch durch unsere Füße erleben können.

Barfuß im Wald zu laufen ist fast schon ein Muss bei jedem Waldbad, weil es uns so wunderbar mit der Natur und der Erde verbindet.

Setzen Sie sich, nachdem Sie barfuß unterwegs waren, kurz hin und spüren Sie Ihre Füße noch einmal ganz bewusst. Wie fühlen Sie sich jetzt an, im Gegensatz zu vorher? Wie haben Sie nun den Wald wahrgenommen? Nehmen Sie ein kleines Handtuch mit, dann können Sie Ihre Füße sauber machen, bevor Sie die Schuhe wieder anziehen. Wenn der Boden kalt und nass ist, machen Sie die Übung nicht zu lange und beenden Sie sie, bevor die Füße eiskalt sind. Nehmen Sie zusätzlich ein warmes Paar Socken mit und bewegen Sie sich danach ein paar Minuten. Gehen Sie auf Zehenspitzen, kreisen Sie Ihre Fußgelenke und hüpfen Sie ein paar Mal, dann haben Sie während des weiteren Waldbades keine kalten Füße.

Wenn Sie zu jeder Zeit das Barfußfeeling im Wald fühlen wollen, dann geht das auch mit sogenannten Barfußschuhen. Das sind Schuhe, die eine sehr dünne, flexible Sohle haben, mit der Sie den Untergrund trotz schützendem Schuh noch gut fühlen – fast wie barfuß eben. Ihre Füße werden gekräftigt und müssen trotz der Schuhe arbeiten. Der Gang wird automatisch vorsichtiger und achtsamer.

Wenn Sie Ihre Schuhe lieber anlassen möchten, können Sie sich trotzdem auf das Laufen konzentrieren. Setzen Sie jeden Schritt achtsam, konzentrieren Sie sich dabei lediglich auf Ihren Atem und wie es sich anfühlt, mit den Füßen den Boden zu berühren. Fühlen Sie auch ganz bewusst, wie die Erde Sie trägt. Dabei kann man ganz wunderbar zur Ruhe kommen.

Werden Sie ein Baum

Ziehen Sie Ihre Schuhe aus, bleiben Sie zunächst eine Zeit lang stehen und spüren Sie, wie der Boden Sie trägt und wie sich die Unterseite Ihrer Füße nun anfühlt. Stellen Sie sich vor, Sie verwurzeln sich mit der Erde wie eine alte Eiche. Lassen Sie aus Ihren Füßen die Wurzeln tief in den Boden wandern, bis Sie das Gefühl haben, ganz fest verwurzelt zu sein. Dann lassen Sie Ihre Beine bis zur Hüfte zum Stamm werden. Ein starker, mächtiger Stamm, der allem trotzt und fest steht. Von der Hüfte aufwärts verzweigen sich erst starke und dann immer feiner werdende Äste, die ab Ihren Schultern und über den Kopf hinaus zur Krone mit Tausenden von feinen Blättern werden. Dieser Teil ist beweglich wie eine Baumkrone im Wind. Spüren Sie, wie es sich anfühlt, bei starker Verwurzelung dennoch flexibel und beweglich zu sein und prägen Sie sich dieses Gefühl ein. Beenden Sie die Reise zu Ihrem inneren Baum damit, dass

Sie die Krone wieder rückbilden, die Äste und der Stamm wieder zu Ihrem Körper werden und vergessen Sie nicht, die Wurzeln in Ihre Füße zurückzuziehen. Sie werden sich wundern, dass Sie sonst kaum loslaufen können. ☺

Wenn Sie zukünftig in Situationen kommen, die Ihnen schwierig erscheinen oder Sie sogar überfordern, können Sie dieses Gefühl mit etwas Übung in Sekundenschnelle abrufen. Sie befinden sich in einer wichtigen Besprechung und spüren Anzeichen von Nervosität? Werden Sie zum Baum. Seien Sie so ruhig und stark wie sein Stamm und gleichzeitig so beweglich und feinfühlig wie seine Krone.

Sich ganz dem Wald hingeben

Noch intensiver werden Sie den Wald spüren, wenn Sie etwas Neues ausprobieren und einen Perspektivwechsel vollziehen. Wenn Ihr Hund schön entspannt ist, nehmen Sie sich eine Decke und legen Sie sich ebenfalls auf den Waldboden. Blicken Sie in die Baumwipfel und beobachten Sie, wie sie sich sanft bewegen. Nehmen Sie Ihre Arme zur Seite, so können Sie noch freier atmen. Bei jedem Atemzug stellen Sie sich vor, wie die heilsame Waldluft durch Ihren Körper strömt und alle Blockaden und negativen Energien herausspült. Wenn Ihr Hund gerne angefasst wird, legen Sie eine Hand auf seinen Körper und versuchen Sie zu visualisieren, wie Sie die positive Wirkung des Waldes an ihn weitergeben und wie auch bei Ihrem Hund alle Blockaden, erkrankten Zellen und schlechten Energien herausgespült werden.

Im Liegen können Sie auch besonders gut in Ihren Körper hineinspüren und entdecken, ob es irgendwo Anspannung gibt. Falls Sie einen solchen Bereich finden, atmen Sie ganz bewusst dorthin, um ihn zu lockern. Natürlich können Sie auch alle anderen Übungen und Meditationen im Liegen machen. Vergewissern Sie sich nur vorher, ob der Platz etwas abgelegen und auch für Ihren Hund sicher und angenehm ist, denn im Liegen sehen Sie einen sich nähernden Menschen oder Hund zu spät, um zu reagieren.

Abseits der Wege und Waldmobility

Wenn Sie durch den Wald streifen, halten Sie Ausschau nach Baumstümpfen, umgefallenen Bäumen oder Findlingen. Hier können Sie, auch gerne barfuß, und Ihr Hund raufklettern, drunter durch robben oder balancieren. Bewegungen, die wir seit langer Zeit nicht mehr gemacht haben, aktivieren unser Gehirn und zusammen mit der heilsamen Waldluft fühlt man sich nach so einer Einheit wie neu geboren. Es geht dabei nicht darum, besonders sportlich unterwegs zu sein, sondern einfach nur darum, neue Bewegungsmuster auszuprobieren, das Gleichgewicht zu schulen und Spaß am Wald zu haben.

Sie können Ihrem Hund mit der Hand deuten, Ihnen zu folgen. Natürlich können Sie ihn auch mit einem Leckerchen locken, allerdings sind viele Hunde dann gleich sehr hektisch und aufgeregt und nehmen ihre Bewegungen dadurch nicht mehr so gut wahr, weil sie nur noch auf das Leckerchen fixiert sind.

Waldmandalas legen

Eine sehr entspannende Tätigkeit im Wald ist das Legen eines Waldmandalas, einer kreisrunden, symmetrischen Form mit unterschiedlichen Materialien. Suchen Sie sich einen geraden Untergrund ohne viel Bewuchs oder einen Baumstumpf und sammeln Sie Material wie kleine Äste, Blätter in verschiedenen Größen, Farben und Formen, Steine, Eicheln, Bucheckern oder Tannenzapfen. Je nachdem, wo Sie unterwegs sind, können die Bestandteile Ihres Mandalas ganz unterschiedlich sein. Beim Legen gleichmäßiger Muster und Formen kommt man sehr schön zur Ruhe und kann sich ganz wunderbar im Detail verlieren.

Vielleicht animieren Sie auch Ihren Hund – wenn er gerne apportiert –, Ihnen kleine Dinge zu bringen, die Sie in Ihr Manadala einbauen können. So können Sie gemeinsam „Landart" kreieren. Ein Waldmandala ist vergänglich und wird vielleicht schon beim nächsten Regenguss oder Sturm nicht mehr so aussehen, wie Sie es gelegt haben. Mandalas symbolisieren diese Vergänglichkeit und so ist es genau das achtsame Tun, das wir hier wunderbar trainieren können.

Immer der Nase nach – die Suche

Wenn Sie eine kleine Pause während des Spaziergangs machen möchten und Ihr Hund sich von selbst im Wald nur schwer entspannen kann oder Sie erst mit dem Entspannungstraining begonnen haben, kann eine strukturierte Suche ihn beschäftigen und sein Bedürfnis nach Erkundung erfüllen und Ihnen gleichzeitig Zeit geben, sich um Ihre eigenen Bedürfnisse zu kümmern.

Wenn Sie ein Signal und Ritual für die 10-Meter-5-Minuten-Suche aufgebaut haben, wird Ihr Hund lange und intensiv suchen und Sie nicht nach zwei Minuten fragend ansehen, wo der Rest der Leckereien versteckt ist.

Bereits beim Verteilen der Leckerchen können Sie sich ganz auf den Wald einlassen. Ist der Untergrund weich und ohne Brombeerbewuchs, ziehen Sie beim Verteilen die Schuhe aus und fühlen Sie ganz bewusst jeden Schritt auf dem Waldboden. Beim Aufbringen der Leberwurst auf die Baumrinde fühlen Sie genau, wie der Baum und seine Rinde strukturiert sind. Und wenn Sie Leckerchen mit Loch auf Zweige auffädeln, betrachten Sie die kleinen Ästchen mit ihren Knospen mal ganz genau. Schon beim Ausbringen kann man die ganze Achtsamkeit ins aktuelle Tun stecken und dadurch schon wunderbar zur Ruhe kommen. Ihr Hund wird sicher schon in freudiger Erwartung sein, bevor es losgeht. Belohnen Sie ihn noch mit ein paar Bröckchen Futter für das brave Warten, atmen Sie noch einmal tief durch. Das hilft nicht nur Ruhe in die Situation zu bringen, sondern damit verhindern Sie auch, dass Ihr Hund beim nächsten Mal noch aufgeregter ist. Dann schicken Sie ihn in die Suche, und während er damit beschäftigt ist, die Leckereien einzusammeln, können Sie stehen, liegen oder sitzen und andere Module nutzen.

Spazieren gehen, nicht spazieren rennen

In unserer westlichen Welt wird uns meist suggeriert, Zeit, Geld und somit Erfolg seien nur durch Effizienz und Geschwindigkeit erreichbar. Diese Denkmuster sind fest in unserem Alltag verwurzelt. In Hektik, denken wir, seien wir effizienter, als wir es tatsächlich sind und verhindern damit lediglich die für uns nötige Regenerationszeit. Auch wenn wir mit unserem Hund unterwegs sind, haben wir meist ein Ziel vor Augen („Wir gehen heute die große Runde im Wald.") und sind

dabei oft zügig unterwegs. Dabei werden wir sogar ungeduldig mit unserem Hund, wenn er länger schnüffeln oder etwas beobachten will und dazu stehen bleibt.

Probieren Sie mal, Ihr Tempo zu drosseln und bewusst ganz langsam zu laufen. Beim Spaziergang mit dem Hund zählt nicht die Geschwindigkeit, ganz im Gegenteil; und beim Waldbaden sagt Dr. Qing Li, Begründer der Waldmedizin, solle man in einer Stunde nicht mehr als zwei bis drei Kilometer zurücklegen. Ihr Hund bekommt auch auf einer kürzeren Strecke genug Input und hat viel mehr Möglichkeiten, die Umwelt zu erkunden, wenn er nicht hastig vorwärts getrieben wird. Beobachten Sie, um wie viel entspannter er wird, wenn er ausreichend viel Zeit hat.

Nach dem Waldbad

Nehmen Sie sich nach Ihrem Waldbad daheim noch ein wenig Zeit und Ruhe. Vielleicht wollen Sie sich in der kalten Jahreszeit auch erst in der Badewanne oder bei einer warmen Dusche etwas aufwärmen. Machen Sie sich dann einen Tee oder Kaffee, setzen sich gemütlich hin und spüren Sie die Zeit im Wald noch einmal nach. Überlegen Sie:

- Wie geht es mir jetzt?
- Wie fühlt es sich an, im Wald unterwegs gewesen zu sein?
- Was hat mir heute besonders gut gefallen?
  Wofür bin ich dankbar?
- Wie ging es meinem Hund? Wo konnte er sich leicht entspannen, wo fiel es ihm noch etwas schwer?

Wenn Sie gerne schreiben, besorgen Sie sich ein kleines Waldbadetagebuch und notieren Sie Ihre Gedanken und Gefühle darin. Sie können sich auch Notizen zu Ihrer Route, den besten Plätzen, Tageszeit und Wetter machen. Wenn Sie Ihre Waldbadeeinheiten notieren, vertiefen Sie diese Waldbadepraxis noch ein wenig mehr. Waldbaden ist ein Prozess, es dauert einige Male, ehe man wirklich ankommt. Hier leistet das Notizbuch wunderbare Dienste.

Wenn Sie noch tiefer ins Waldbaden mit Hund eintauchen möchten und jede Woche ein kleines Waldbad mit unterschiedlichen Aufgaben ausprobieren möchten, dann schauen Sie gern auf meiner Kursseite **www.waldbadenmithund.de** vorbei.

Waldbaden im Alltag …

… und auf dem Spaziergang

Natürlich hat eine ausgiebige Waldbadeeinheit den größten positiven Effekt auf Sie, Ihre Gesundheit und Ihre Psyche und auch Ihr Hund wird ungemein von dem etwas anderen Waldausflug profitieren. Aber auch wenn Sie nur wenig Zeit haben, können Sie einzelne Elemente des Waldbadens wunderbar in Ihren Alltagsspaziergang einbauen.

Ein sehr einfach umzusetzendes und doch oft unterschätztes Element besteht darin, langsam zu gehen und Pausen zu machen. Viele Hundehalter denken, sie müssten ihrem Hund viele Kilometer bieten, damit er zufrieden ist. Aber oft zählt vielmehr die Zeit, die wir mit unseren Hunden unterwegs sind und in der sie die Gelegenheit bekommen, artspezifische Verhaltensweisen wie schnüffeln, erkunden, sich umschauen, buddeln usw. auszuleben. Dies ist bei einem hektischen „Strecke machen“ kaum möglich und es frustriert den Hund eher, wenn er schnell, schnell weitergezogen wird. Darüber hinaus ist es auch nicht gut, wenn er sich in einem hohen Erregungsniveau befindet und dauernd in gespannter Erwartungshaltung auf Ball- oder Stöckchenwürfe neben seinem Menschen her flitzt. So sind unerwünschtes Verhalten und Frust vorprogrammiert.

Langsames Gehen und Pausen auf dem Spaziergang helfen, den Erregungslevel des Hundes zu senken.

Pausen auf dem Spaziergang helfen hingegen, den Erregungslevel des Hundes zu senken und machen ihn weniger impulsiv. Nach einer Pause, in der er

sich entspannen konnte, ist das emotionale Zentrum im Gehirn wieder milder gestimmt. Auf dem weiteren Weg ist Ihr Hund wieder gewappnet für die herausfordernden Begegnungen des Alltags. Pausen auf dem Spaziergang zu machen ist übrigens auch eine hervorragende (Vor-)Übung, wenn Sie Ihren Hund mal mit ins Restaurant oder in den Biergarten mitnehmen möchten.

Diese kurzen Pausen, die Sie gerne mehrmals während eines Spaziergangs einbauen können, sollten auch Sie für eine Atemübung nutzen. Schließen Sie die Augen und konzentrieren sich darauf, welche Waldgeräusche Sie hören oder bewegen und strecken Sie sich bewusst. Falls Sie Ihren Hund sowieso auf den meisten Spaziergängen mit kleinen Suchaufgaben beschäftigen, basteln Sie doch ein Ritual für sich dazu. Wenn der Hund in die Suche geht, versuchen Sie sich aufzurichten, als würde ein goldener Faden an Ihrem Kopf ziehen. Schließen Sie kurz die Augen und atmen Sie drei Mal tief ein und aus. Allein das tiefe Atmen richtet die Haltung auf, bringt eine Portion Sauerstoff in den Körper und hält uns im Hier und Jetzt. Wenn Sie diese beiden Dinge, also die Suchaufgabe für Ihren Hund und Ihre eigene Übung, immer verknüpfen, vergessen Sie sie garantiert nicht und Sie haben im Alltag schon das erste Achtsamkeitsritual.

Bevor Sie mit Ihrem Hund losgehen, haben Sie sich sicher schon vorher überlegt, wo Sie heute laufen möchten und haben die Route vielleicht auch schon geplant. Obwohl ein Hund auf den Gassirunden immer wieder vorausläuft, so sind es doch in der Regel wir, die den Weg vorgeben. Eine weitere schöne Achtsamkeitsübung besteht darin, als Halter die Führung mal vollkommen an den Hund abzugeben. Wenn es die Umgebung zulässt (keine fremden Hunde, Menschen, Rad-

fahrer in der Nähe), lassen Sie sich von Ihrem Hund führen. Beobachten Sie, wo er hingehen möchte und folgen Sie ihm. Ausnahme: Brut- und Setzzeit oder das Wild würde gestört! Interessieren Sie sich dabei ganz bewusst für die Dinge, die er so spannend findet. Ihr Hund wird anfangs sicher etwas verwundert sein, aber relativ schnell wird er sich für diese Art des Unterwegsseins begeistern und vor allem Freude daran haben, dass auch er mal in die Umwelt eintauchen darf – gemeinsam mit seinem Menschen.

Doch auch wenn Sie in den täglichen Spaziergang immer wieder kleine Elemente des Waldbadens einbauen, fair und freundlich trainieren und meist achtsam unterwegs sind, wird es immer wieder Tage geben, an denen Sie vielleicht genervt sind vom Verhalten Ihres Hundes oder das Gefühl haben, dass beide Enden der Leine jetzt überfordert sind. Auch Hunde haben nicht immer die gleiche Tagesform und ab und an gibt es eben Tage, da passt und geht nichts. An diesen Tagen sollten Sie am besten auch nichts trainieren, sich nicht ärgern, sondern bald nach Hause gehen, wenn der Hund seine Geschäfte erledigt hat. Beschäftigen Sie ihn dann lieber daheim mit ein paar netten Übungen, denn weder Sie noch Ihr Hund haben wirklich etwas von einem Spaziergang, während dem Sie genervt sind. Meist ist es das schlechte Gewissen, das uns daran hindert, einfach umzudrehen und nach Hause zu gehen, wenn es mal nicht klappt.

Dennoch, aus Trainingssicht ist es das Beste, den Spaziergang zu beenden. Denn wenn die Umwelt so aufregend für den Hund ist, dass er häufig unerwünschtes Verhalten zeigt und erregt und überfordert ist, dann ist das auch genau das, was er in Zukunft mit dieser Umgebung verknüpfen wird. Mit jedem Mal, bei dem er sich aufregt, wird es beim nächsten Mal schwerer, ihn in einen entspannten Zustand zu bekommen. Dasselbe gilt übrigens für uns Zweibeiner – auch wir behalten die unangenehmen Ereignisse im Kopf und verknüpfen Sie mit der jeweiligen Umgebung. Wenn auf bestimmten Spaziergängen viele unangenehme Hundebegegnungen passiert sind oder unser Hund in einer bestimmten Gegend sehr starke Jagdmotivation gezeigt hat, wird auch unser Gehirn dort beim nächsten Mal sofort in Alarmbereitschaft versetzt. Keine guten Voraussetzungen für einen erholsamen Spaziergang.

Den Wald mit nach Hause nehmen

An Tagen, an denen keine Zeit bleibt in den Wald zu gehen, kann man den Wald auch ein wenig zu Hause erleben. Nehmen Sie sich doch von Ihrer Waldbadeeinheit eine kleine Erinnerung wie einen Tannenzapfen, einen Stein oder ein ganz besonders gefärbtes Herbstblatt mit. Reißen Sie hierfür aber keine Pflanzen ab und nehmen Sie nur Dinge mit, die der Wald bereit ist zu geben, weil sie bereits auf dem Boden liegen. Eine Freundin von mir fragt Steine, schöne Holzstücke usw., ob sie mit zu ihr nach Hause mitgenommen werden wollen. Nur wenn ihr Bauchgefühl „ja" sagt, nimmt sie sie mit.

Sie können Ihre Erinnerungen drapieren oder in ein Schraubglas füllen – als kleinen Achtsamkeitsreminder. Besonders schön ist es natürlich, wenn Ihr Hund diesen Gegenstand – eine Wurzel, einen Stein – gebracht hat. Jedes Mal, wenn Sie diese Erinnerungsstücke sehen, denken Sie an die schöne Zeit im Wald und daran, tief durchzuatmen und im Hier und Jetzt anzukommen. Sie können diese Dinge nach einer Zeit auch wieder mit in den Wald nehmen und dorthin zurückbringen, wo Sie sie gefunden haben. Danken Sie für die gemeinsame Zeit. Vielleicht kommt Ihnen dieser Gedanke komisch vor? Macht nichts, probieren Sie es einfach aus, seien Sie neugierig und warten Sie ab, was passiert.

An einem stressigen Arbeitstag können Sie auch kurz die Augen schließen, tief durchatmen und sich vorstellen, wie Sie mit Ihrem Hund an Ihrem Lieblingsplatz im Wald sitzen und fernab vom Alltagsstress sind. Wenn es Ihnen hilft, können Sie zusätzlich einen Tropfen ätherisches Öl Ihres Lieblingsbaumes neben sich tupfen. Aber bitte nicht zu viel auftragen, damit es Ihren Hund mit seiner überaus feinen Nase nicht stört. Es gibt mittlerweile viele Hersteller, die hochwertige ätherische Waldöle in Bio-Qualität herstellen.

Gedanken zum Schluss

In dieser hektischen Welt ist gemeinsam verbrachte Zeit wohl das kostbarste Gut und ich hoffe, ich konnte Sie mit diesem Buch dazu motivieren, die gemeinsame Zeit mit Ihrem Hund mit unbeschwerten Momenten in der Natur zu füllen. Wenn Sie dabei achtsam sind, sind Sie mit ihm im Hier und Jetzt – und die Zeit spielt plötzlich keine Rolle mehr.

Bedenkt man, wie wenig Zeit wir mit unseren Hunden in Relation zu unserer durchschnittlichen Lebenserwartung zusammenleben, sollte schon das Grund genug sein, viel mehr entspannte Momente miteinander zu verbringen und nicht verbissen den perfekt gehorchenden Hund trainieren zu wollen. Hunde genießen eine entschleunigte Zeit mit uns sehr und für uns Menschen bietet das Waldbaden einen wunder-

baren Mehrwert für Körper und Geist, der uns gelassener mit uns selbst und letztendlich auch mit unserem Hund umgehen lässt. Und die oft sträflich vernachlässigte Selbstfürsorge ist etwas, das wir uns nicht nur für uns selbst, sondern auch in unserer Eigenschaft als Hundehalter gönnen sollten, denn Hunde merken mit ihren feinen Antennen schnell, wenn es ihrem Menschen nicht gut geht. Dann leiden sie mit und saugen dabei seine negativen Energien regelrecht auf.

Entspannung, insbesondere wenn sie gemeinsam erlebt wird, ist ein wichtiger Baustein für eine stabile Beziehung. Hier setzt das Programm der Waldsamkeit und des Waldbadens an und schafft eine stabile Basis. Gleichzeitig ist es eine gute Vorsorge gegen impulsives und unerwünschtes Verhalten – bei Mensch und Hund. Seit mehreren Jahren begleite ich Mensch-Hund-Teams mit meinem Onlineprogramm „Waldsamkeit und Waldbaden für Hund und Halter" und bekomme dabei oft die Rückmeldung, dass sich die bewusst erlebte Zeit im Wald auch maßgeblich auf die gesamte Beziehung zwischen Hund und Halter ausgewirkt hat. Gerade Halter hyperaktiver, gestresster und jagdlich sehr motivierter Hunde haben dadurch endlich einen ansprechbaren Hund an ihrer Seite – und haben somit die Basis für weiteres Training am Jagdverhalten geschaffen.

Ich lade Sie also herzlich ein, das Waldbaden auszuprobieren und ein paar Wochen lang zu praktizieren. Achtsam zu sein, mag sich zu Beginn seltsam anfühlen oder sogar anstrengend sein, aber je öfter Sie bewusst im Hier und Jetzt sind, desto stärker wird Ihre Achtsamkeit trainiert. Mit der Zeit wird das ganz selbstverständlich für Sie sein und Sie werden die Natur, Ihren Hund und Ihre gemeinsamen Spaziergänge noch einmal ganz anders wahrnehmen. Ich bin mir sicher, dass Sie dabei wundervolle Momente erleben werden, die Sie und Ihren Hund für immer verbinden! ☺

Über die Autorin

Ines Scheuer-Dinger ist Hundetrainerin und Coach, arbeitet seit mehr als zehn Jahren mit Menschen und ihren jagdlich ambitionierten Hunden und ist als Dozentin und Referentin in Deutschland, Österreich und der Schweiz unterwegs. Als Pädagogin und Soziologin interessiert sie sich nicht nur für die Mensch-Hund-Beziehung, sondern auch dafür, wie sie Menschen optimal im Training begleiten kann.

Sie hat ihre Ausbildung zum International Dog Trainer bei Sheila Harper (UK) absolviert, ist Mitglied im CumCane Trainernetzwerk (Dr. Ute Blaschke-Berthold und Dieter Degen), anerkannte Referentin im IBH e. V. (internationaler Berufsverband für Hundetrainer) und hat zahlreiche Aus und Weiterbildungen im In- und Ausland absolviert. Als Jägerin und Waldpädagogin ist es ihr zudem wichtig, die Begeisterung für Wald und Wild zu vermitteln sowie eine wirkliche Wertschätzung für unsere Natur weiterzugeben. Sie lebt zusammen mit ihrem Mann, ihrem Sohn und einer Drahthaarviszlahündin in Franken. Ihre Kunden unterstützt sie im ganzen deutschsprachigen Raum online im 1:1 Coaching oder in ihren Onlineprogrammen.

Ines Scheuer-Dinger hat zahlreiche Fachartikel sowie die Bücher „Abgeleint! Entspannt ohne Leine unterwegs!“ (Cadmos Verlag) und „Leben mit Jagdhund“ (Cadmos Verlag) veröffentlicht. Sie erreichen sie unter
www.ines-scheuer-dinger.de
www.waldbadenmithund.de

Gastautorinnen

Die Gastbeiträge in diesem Buch stammen von:

Michaela Schwestka

www.hundebesitzer-coaching.de

Als Systemische Therapeutin, Coach und Mediatorin begleitet sie seit vielen Jahren Menschen in Veränderungs- und Entwicklungsprozessen. Als bekennender Hundemensch und lebenslang lernendes Frauchen unterstützt sie mit diesem Fachwissen Hundehalter in besonderen Situationen wie Krankheit und Tod oder allen anderen Belangen, die die Mensch-Hund-Beziehung und die Kommunikation untereinander beeinflussen.

Heike Benzing

www.4steps4dogs.de

Die Leidenschaft, mit Menschen zu arbeiten, begleitet Heike Benzing seit ihrem Einstieg ins Berufsleben als staatlich anerkannte Sport- und Gymnastiklehrerin. Nach dem Abschluss 2007 zur Tierpsychologin mit Fachrichtung Hund gründete sie „4steps4dogs – Training für Mensch & Hund". 2019 folgte der Abschluss zur Hundephysiotherapeutin. In Waiblingen bei Stuttgart bekamen das Training, die Physiotherapie und die Seminare durch das 2016 eröffnete Seminar- und Trainingszentrum den perfekten Rahmen.

Esther Follmann

www.caneami.de

Esther Follmann, lange Jahre freiberufliche Physiotherapeutin für Menschen, begleitet seit 2003 Menschen und deren Hunde in ihrem Alltag. Dazu gehören viele unterschiedliche Themen, die sie fachlich versiert, verhaltensberatend und individuell behandelt. Eine weitere Herzensangelegenheit ist das Referieren zum Thema Hund im gesamten deutschsprachigen Raum. Erfahrungswerte und das Optimieren der Mensch-Hund-Beziehung (er-)lebt sie täglich auch mit ihren eigenen Vierbeinern in großem Verantwortungsbewusstsein und liebevoller Fürsorge.

Ulrike Seumel

www.dogitright.de

Ulrike Seumel ist überzeugt, dass mit einem glücklichen und entspannten Hund viele Probleme gar nicht erst entstehen. Sie arbeitet deshalb mit den Stärken des Hundes und zeigt deren Menschen, wie sie das auch selbst umsetzen können. Seit 2011 unterstützt sie mit ihrem Team bei „Dog It Right" Menschen mit schwierigen Hunden. Sie hat das „Dog Journal" entwickelt, um damit das Leben von Menschen und ihren Hunden noch schöner zu machen.

Calming Signals

Die Beschwichtigungssignale
der Hunde

Turid Rugaas

Wie ihre Vorfahren, die Wölfe, leben Hunde in Familienverbänden, die über ein fein abgestuftes Kommunikationssystem zur gegenseitigen Verständigung verfügen. Ihr Sozialverhalten ist zu einem wesentlichen Teil durch Strategien zur Konfliktvermeidung innerhalb des Rudels bestimmt. Forschungen beschreiben bestimmte Merkmale ihrer Körpersprache als „cut off signals". Sie dienen dazu, Aggressionen zu stoppen oder gar nicht erst aufkommen zu lassen. Lange Zeit glaubte man, dass diese Signale im Verhaltensrepertoire von Hunden nicht zu finden seien.

Turid Rugaas, eine der weltweit angesehensten Hundetrainerinnen, bewies das Gegenteil. Sie hat über zwanzig Jahre lang diese Phänomene bei Hunden beobachtet und mit dem Begriff der „Beschwichtigungssignale" einer breiten Öffentlichkeit zugänglich gemacht. In diesem Buch erklärt sie, warum, wann und wie Beschwichtigungssignale von Hunden eingesetzt werden und beschreibt, wie wir Menschen die Signale erkennen, deuten und sogar selbst einsetzen können.

Hardcover, 104 Seiten, mit zahlreichen Farbfotos und Fallbeispielen
ISBN: 978-3-936188-01-1

Hunde achtsam führen

Über belohnungsbasiertes Training und bedürfnisorientierten Umgang

Maria Rehberger

Immer mehr Menschen wünschen sich einen achtsamen, respektvollen und freundlichen Umgang mit ihrem Hund. Der Schwerpunkt der Erziehung hat sich in den letzten Jahren darauf verlagert, die Bindung zu vertiefen und Vertrauen aufzubauen, denn beides ist unbedingte Voraussetzung für eine positive und ausgeglichene Wesensentwicklung.

Maria Rehberger beschreibt in ihrem neuen Buch, wie man mit belohnungsbasiertem Training und bedürfnisorientiertem Umgang das Zusammenleben zwischen Mensch und Hund in diese Richtung lenken kann und welche Vorteile das hat. Dabei gibt sie auch zu bedenken, dass Hunde die vielen Erwartungen, die an sie gestellt werden, nicht immer und nicht alle erfüllen können und dass es an uns Menschen liegt, Möglichkeiten und Grenzen dessen, was man von ihnen verlangen kann, zu erkennen.

Aus dem Inhalt:

- Was es heißt, Grenzen zu setzen
- Bedürfnisse von Hunden
- Nachteile eines strafbasierten Trainings
- Umgang mit unerwünschtem Verhalten
- Gemeinsam zum Trainingserfolg

Hardcover, zahlreiche farbige Abbildungen, 184 Seiten,
ISBN: 978-3-936188-78-3

Sei mein Scout

Was Hunde über Wildtiere wissen und wie wir von ihnen lernen können

Ulli Reichmann

Dass die Jagdleidenschaft unserer Hunde weniger ein Problem als vielmehr eine Chance ist, eine uns vielfach unbekannte Welt zu entdecken und diese Erlebnisse mit den Hunden zu teilen, hat Ulli Reichmann in ihrer Buchreihe „Wege zur Freundschaft“ bereits zahlreichen LeserInnen nahegebracht. In ihrem neuen Buch nimmt sie uns mit in die Welt der Wildtiere – mit unseren Hunden als Spurenlesern und Lehrern. Ulli Reichmann beschreibt ihre Liebe zur Natur und zu unseren Mitgeschöpfen und plädiert dafür, diese zu respektieren und wertzuschätzen. „Sei mein Scout“ ist ein leidenschaftliches Plädoyer für ein harmonisches und respektvolles Miteinander – sowohl mit den Tieren des Waldes, der Wiesen und der Auen wie auch mit unseren Hunden.

Aus dem Inhalt:

- Unterschiedliche Begabungen, Techniken und Vorlieben unserer Hunde
- Portraits verschiedener Wildtiere
- Schritt für Schritt ins gemeinsame Erkunden
- Fragen zur Umsetzung in die Praxis

... und vieles mehr!

Hardcover, mit zahlreichen farbigen Abbildungen, 224 Seiten
ISBN: 978-3-936188-77-6

BETTINA SPECHT
ANGSTHUNDE
DEFINITION • DIAGNOSTIK • MANAGEMENT • TRAININGSANSÄTZE
Maria Hense
Grenzen setzen fair und wirksam
V. REINHARDT
DAS UNERWÜNSCHTE JAGDVERHALTEN DES HUNDES
Silke Stricker
Körperarbeit mit dem Hund
James O'Heare
Die Neuropsychologie des Hundes
MARIA HENSE
DER HYPERAKTIVE HUND
Karin Müller
Wie Hunde ihre Menschen spiegeln
Das Geheimnis glücklicher Hunde und ihrer Halter
Clarissa v. Reinhardt
WELPEN
Anschaffung, Erziehung und Pflege
ULLI REICHMANN
WEGE ZUR FREUNDSCHAFT
DAS PRAXISBUCH
Dr. Gislind Wach
Clarissa v. Reinhardt
DIE DUNKLE SEITE DER MENSCH-TIER-BEZIEHUNG
THOMAS ACHIM SCHOKE
HERDENSCHUTZHUNDE
ANNE LILL KVAM
SPURENSUCHE
NASENARBEIT SCHRITT FÜR SCHRITT
CLARISSA v. REINHARDT
MARTINA SCHOLZ
CALMING SIGNALS
Workbook